一"码"当先

甘智荣 主编

豆浆米糊蔬果汁：喝出健康好身材

黑龙江出版集团
黑龙江科学技术出版社

图书在版编目（CIP）数据

豆浆米糊蔬果汁：喝出健康好身材 / 甘智荣主编 .
-- 哈尔滨 : 黑龙江科学技术出版社， 2015.11
（一“码”当先）
ISBN 978-7-5388-8622-1

Ⅰ. ①豆… Ⅱ. ①甘… Ⅲ. ①豆制食品－饮料－制作
②果汁饮料－制作③蔬菜－饮料－制作 Ⅳ. ① TS214.2 ② TS275.5

中国版本图书馆 CIP 数据核字（2015）第 291365 号

豆浆米糊蔬果汁：喝出健康好身材

DOUJIANG MIHU SHUGUOZHI:HECHU JIANKANG HAO SHENCAI

主　　编　甘智荣
责任编辑　徐　洋
摄影摄像　深圳市金版文化发展股份有限公司
策划编辑　深圳市金版文化发展股份有限公司
封面设计　深圳市金版文化发展股份有限公司
出　　版　黑龙江科学技术出版社
地址：哈尔滨市南岗区建设街 41 号　邮编：150001
电话：(0451)53642106　　传真：(0451)53642143
网址：www.lkcbs.cn　　www.lkpub.cn
发　　行　全国新华书店
印　　刷　深圳雅佳图印刷有限公司
开　　本　723 mm×1020 mm　1/16
印　　张　15
字　　数　200 千字
版　　次　2016 年 4 月第 1 版　　2016 年 4 月第 1 次印刷
书　　号　ISBN 978-7-5388-8622-1/TS・682
定　　价　29.80 元

目录

Contents

健康好身材，从一杯好饮品开始

消脂饮品，甩走赘肉轻松瘦

Part 3 健美饮品，塑造完美曲线

科学塑身，乐享好身材

Part 4 排毒饮品，排尽毒素一身轻

排出毒素一身“轻”

消肿饮品，摆脱虚胖更轻松

战胜水肿型肥胖

Part 1

健康好身材，从一杯好饮品开始

节食，太痛苦！健身，难坚持！不如跟随我们来做豆浆米糊蔬果汁。草本自然的食材，简单易做的方法，再加上一点点小窍门，就能变出一杯杯与美丽健康同行的美味饮品。

常用工具

要想做出营养又美味的豆浆、米糊、蔬果汁等饮品，
离不开豆浆机、榨汁机、果汁机、搅拌棒等常用工具。这些常用工具您都会用吗？
使用过程中需要注意哪些问题？制作完成后又该如何清洗？在这里，我们将为您一一介绍。

❶ 豆浆机

家用豆浆机的出现，实现了人们在家自制鲜豆浆的愿望。如今，全自动豆浆机具有自动磨豆、开煮的功能，除了制作豆浆外，还能完成果蔬冷饮、米糊等的制作。使用豆浆机制作饮品既方便快捷，又保障了健康。

豆浆制作完成之后，应立即对其进行清洗。刚打完豆浆的钢刀会很烫，不要用手触碰，应用清水冲洗待降温后再用手或百洁布清洗。清洗时，注意机头内不可进水。

❸ 果汁机

香蕉、桃子、木瓜、芒果、西红柿等含有细纤维的蔬果适合用果汁机榨取汁液，这是因为用果汁机打蔬果汁时会留下细小的纤维或果渣，和果汁混合会呈现出浓稠状，使果汁不但美味而且口感好。含纤维较多的蔬菜及水果，也可以先用果汁机搅碎，再用过滤网过滤。在制作前，蔬果应去皮、去籽，并切成小块，加水搅拌，材料一次不宜放太多，要少于容器容量的 1/2。

用完后里面的杯子要用大量清水冲洗、晾干。钢刀需先用水泡一下再用棕毛刷清洗。

❷ 榨汁机

榨汁机是一种可以将蔬果快速榨成汁水的机器，适用于较为坚硬、根茎部分较多、纤维多且粗的蔬果，如胡萝卜、苹果、菠萝、西芹等。一般纤维较多的食物，最好直接榨汁，不要加水。

榨汁机如果只用于榨蔬菜或水果，则用温水冲洗并用刷子清洁即可。如果加入了牛奶、酸奶或较为油腻的食物，清洗时可在水中加一些洗洁剂，转动数回就可洗净。

❹ 压汁机

压汁机适用于制作柑橘类水果的果汁，以及果汁混合呈现浓稠状的果汁。用于压汁的水果最好横切。压汁机使用完后应马上用清水清洗，而压汁处因为有很多细缝，需要用海绵或软毛刷清洗残渣。清洗时应避免使用百洁布，因为百洁布容易刮坏机内的部件，让细菌藏于其中。

❺ 砧板

一般来说，塑料砧板比较适合切蔬果类食物。切蔬果和肉类的砧板最好分开来使用，除可以防止食物细菌交叉感染外，还可以防止蔬菜、水果沾染上肉类的味道，影响蔬果汁的口味。

塑料砧板每次用完后要用温水清洗干净并晾干，不要用太热的水清洗，以免砧板变形。

❻ 水果刀

水果刀最好是专用的，只用来切水果和蔬菜等，不可用来切肉类或其他食物，以免细菌交叉感染，危害健康。

水果刀一般为不锈钢或陶瓷材质，使用完之后应清洗干净，晾干，然后放入刀套中。清洗时，不能用强碱、强酸类化学溶剂洗涤，只需用清水冲洗即可。

❼ 过滤网

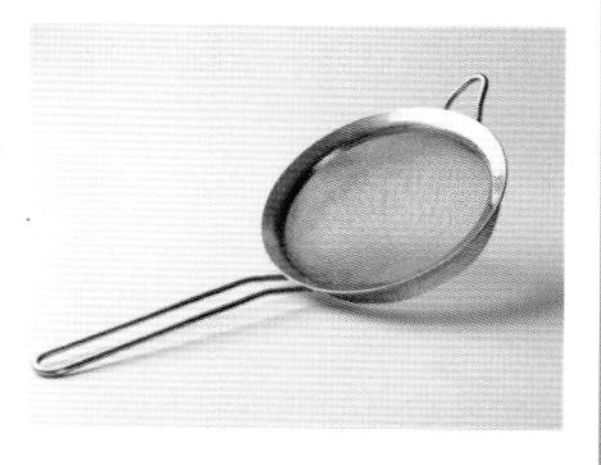

主要用于过滤豆浆和蔬果汁的残渣，以增加豆浆和蔬果汁的口感。

滤网有很多缝隙，使用后要立即用清水冲洗，如一时冲不干净，也可以用水浸泡一晚再刷洗。为了防止滤网生锈，清洗后要晾干。

❽ 削皮器

削皮器用于削去蔬果的外皮，如胡萝卜、苹果、梨、香瓜等。

用完之后，要马上用清水清洗干净，晾干，以免生锈。小削皮器两侧容易夹住蔬果的残渣或薄皮，最好使用小牙刷清除干净。

养生饮品大揭秘

豆浆、米糊、蔬果汁，一天一杯，喝出营养，喝出好身材。
自制一杯豆浆、米糊、果蔬汁，是对自己的一种宠爱，也是百忙之中的一次自我放松；
对我们的健康而言，则是一种保障，是握在手里、喝到肚子里的放心。

醇郁豆浆

豆浆含有丰富的植物蛋白、卵磷脂、维生素、矿物质等，是一种老少皆宜的营养饮品。《黄帝内经》指出，“五谷宜为养，失豆则不良”。每天喝一杯豆浆，不仅可以补充人体所需的多种营养素，而且能增强免疫力，降低患疾病的风险，达到延年益寿的目的。

❶ 豆浆的保健功效

豆浆是一种价廉物美、老少皆宜的液态营养食品，含有丰富的糖类、蛋白质、脂肪、维生素 B_1、维生素 B_2、维生素 B_3 以及钙、磷、铁、钾、镁、硒等营养成分，不仅能为身体提供能量，也有助于增强体质、祛病疗疾、延年益寿，被誉为“植物牛奶”。

鲜豆浆四季都可饮用，春饮豆浆，滋阴润燥、调和阴阳；夏饮豆浆，消热防暑、生津解渴；秋饮豆浆，润燥降火；冬饮豆浆，祛寒暖胃、滋养进补。

从现代营养学的角度来说，豆浆含有大量膳食纤维，能有效阻止糖的过量吸收，减少糖分，因而能防治糖尿病；人体内的钠含量如果超标，容易导致血压升高，而豆浆中含有丰富的钾，有调节细胞渗透压的作用，能帮助防治高血压；豆浆中所含的豆固醇和钾、镁、钙能加强心肌血管的兴奋性，改善心肌营养，降低胆固醇，防止血管痉挛，如果能坚持每天喝一杯豆浆，冠心病的复发率可降低 50%；豆浆中所含的镁、钙元素，能明显地降低脑血脂，改善脑血流，从而有效防止脑梗死、脑出血的发生；豆浆中的蛋白质和硒、钼等都有很强的抑癌和治癌能力，对胃癌、肠癌、乳腺癌有特效；豆浆中所含的硒、维生素 E、维生素 C，有很强的抗氧化功能，能增强人体细胞活性，有效延缓衰老。另外，常喝豆浆，还有助于防治支气管炎、老年痴呆、便秘、肥胖症等疾病，并且能够帮助改善人体骨骼代谢，预防骨质疏松。

❷ 科学喝豆浆

豆浆虽好，但只有科学饮用才能达到滋补养生的效果。如何趋利避害，喝出营养和健康，且看看下面的建议。

不宜喝未煮熟的豆浆

生豆浆里含有皂素、胰蛋白酶抑制物等有害物质，未煮熟就饮用，易引起中毒。豆浆不但要煮开，而且在煮豆浆时还必须要敞开锅盖，这是因为只有敞开锅盖才可以让豆浆里的有害物质随着水蒸气挥发掉。

不宜空腹喝豆浆

如果空腹喝豆浆，豆浆里的蛋白质大都会在人体内转化为热量而被消耗掉，不能充分起到补益的作用。因此，喝豆浆的同时应吃些面包、糕点、馒头等淀粉类食品，这样豆浆中的蛋白质会在淀粉的作用下，与胃液较充分地发生酶解，使营养物质被充分吸收。

豆浆不要加红糖

豆浆里不能加红糖，因为红糖里有机酸较多，能与豆浆里的蛋白质和钙质结合产生变性物及醋酸钙、乳酸钙等块状物，不易被人体吸收。

忌一次饮用过量

一次饮用豆浆过多会引起蛋白质消化不良，出现腹胀、腹泻等不适症状。一般成年人每次饮用 300~500 毫升，3 岁以上儿童每次饮用 100~200 毫升为宜。

有些人不宜喝豆浆

豆浆性质偏寒且富含嘌呤，痛风及寒性体质者不宜喝；豆浆富含蛋白质，其代谢产物会增加肾脏负担，肾炎、肾衰竭者不宜饮用；豆浆在酶的作用下能产气，所以腹胀、腹泻、胃溃疡的人最好也不要喝；急性胃炎和慢性浅表性胃炎者不宜喝豆浆，以免刺激胃酸分泌过多加重病情，或者引起胃肠胀气。

❸ 豆浆保存妙招

豆浆是一种蛋白质饮品，本身就容易变质，最好一次性喝完。如果一次性喝不完，也要讲究科学的保存方法，否则，一旦喝了变质的豆浆，会对健康不利。

如果只是想隔天喝，可以将豆浆倒入干净的容器中，用保鲜膜封好，放入冰箱中冷藏。如果想保存较长时间，则需要准备密闭又耐热的瓶子，如太空瓶或保温杯。先将瓶子彻底清洗干净，再晾干。在制作豆浆的程序快要完成的时候，将瓶子用沸水烫一下，让它里面热起来，同时起到杀菌作用。豆浆做好后，倒掉瓶中的热水，马上倒入滚烫的豆浆，但不要装得太满，然后将盖子松松地盖上，十几秒钟后再把盖子拧紧。在室温下等待豆浆自然冷却，再放入冰箱中冷藏。在温度 4℃以下的条件下，豆浆可以保存一个星期。

喷香米糊

米糊是具有一定稠度的半固态物质，由各种谷物经机械粉碎和水煮糊化后得到。因有滋补和保健功效而深受人们的喜爱。

❶ 米糊的三大优势

米糊口感细腻柔和，被誉为“第一补人之物”。看似平常的米糊究竟有何独特魅力？

营养均衡

米糊中除了大米、小米、紫米、糙米等谷物类食材外，往往还会加入蔬菜、坚果、薯类等食材，不同的食材具有不同的营养功效，根据自身体质、季节选择不同的原料，并合理搭配，可以起到调养和补益身体的作用。

容易消化吸收

米糊是具有一定黏度的半固态物质，由各种谷物经机械粉碎和水煮糊化后得到，介于干性和水性之间，口感柔顺、滑腻，易于消化吸收，尤其适合儿童、老年人、体弱及消化功能较差者补益身体之用。

简单省时

随着各类米糊机、豆浆机的问世和不断改进，现在只需将要打磨的食材投入机器内，加入适量水，轻轻按下开关，5~10分钟即可制成一碗热腾腾的米糊，足以跟上现代人匆忙的步调。

❷ 米糊制作小窍门

米糊制作简单，但也容易出现夹生、口感不佳等问题。了解米糊制作小技巧，可以让米糊更营养、更美味。

五谷杂粮要提前浸泡

做米糊时，谷类、豆类、坚果类等比较硬的食材需经清水浸泡后再使用，一方面可以软化外表的硬度，便于人体消化和吸收；另一方面可以去除杂质。

食材混搭不求多

虽然食材之间的混搭会让营养更加丰富，但并不是混合得越多越好。首先，应根据个人体质搭配合适的食材，其次还要掌握食材之间的相宜相克原理，选择相宜的食材进行搭配。最后，尽量将味道融合的食材搭配在一起，才能使米糊既营养又美味。

适时、适量加入调料

米糊可以根据搭配的原料和个人的口味调成甜味或咸味。调味时，需等米糊做好之后再加调味料，如蜂蜜、白糖、食盐等，若过早加入调味料，会使米糊在高温下变色、变性。此外，最好不要加入过多的调味料，以免影响米糊原本的味道。

巧用豆浆机做米糊

传统的米糊制作方法很复杂，且耗时较长。而现在，很多豆浆机都有米糊制作功能，只需将食材倒入其中，选择好按键就可轻松享用到营养米糊。如果豆浆机没有加热功能，可将磨碎的食材倒入锅中加水煮熟。用豆浆机制作的米糊如果一次没有喝完，一定不能放豆浆机中重新加热，否则容易煳锅。

甜美蔬果汁

蔬果汁能有效为人体补充维生素、膳食纤维以及钙、磷、钾、镁等矿物质，具有多种养生、保健功效，已成为现代人喜爱的时尚、健康饮品。喝上一杯蔬果汁即可毫不费力地获得多种蔬果的精华，在美味中享受来自大自然的健康呵护。

❶ 蔬果汁的关键营养素

不同的蔬果，营养成分有很大的差异，且营养功效也各不相同。下面就跟随我们一起了解一下五彩缤纷的蔬果汁中隐藏着的健康与美丽的秘密吧。

糖类

● 葡萄、苹果、梨、荔枝、土豆、豌豆

如果膳食中糖类的摄入量不足，能量供给则无法满足人体需要，易产生头晕、心悸、脑功能障碍等问题。

维生素 C

● 柑橘、草莓、猕猴桃、枣、西红柿

维生素 C 可增强机体对外界环境的抗应激能力和免疫力，对维护牙齿、骨骼、血管、肌肉的正常功能有重要作用。

胡萝卜素

● 胡萝卜、西蓝花、菠菜、芒果、哈密瓜

胡萝卜素具有强化皮肤和黏膜的作用，能够维持眼部和皮肤健康，改善夜间视物不清、皮肤粗糙，帮助身体提高肝脏的解毒功能。

番茄红素

● 西红柿、南瓜、胡萝卜、芒果、葡萄

番茄红素除了可防治因衰老、免疫力下降等引起的各种疾病外，还能够抑制黑色素的生成，进而起到美白养颜的作用。

纤维素

● 芹菜、马齿苋、竹笋、南瓜、芦笋

纤维素能促进胃肠蠕动，帮助消化，具有改善便秘、抑制脂肪吸收、减少热量囤积的作用，对预防肥胖、冠心病、糖尿病等很有帮助。

钙

● 大白菜、茼蒿、草莓、芥菜

钙是形成骨骼、牙齿的重要营养素。钙还是一种天然的镇静剂，可以降低神经细胞的兴奋性，具有镇静、安神的作用。

● 绿豆芽、香菇、冬笋、石榴、枇杷

磷是促成骨骼和牙齿的钙化所不可缺少的营养素，对生物体的遗传代谢、生长发育等具有极为重要的作用。

铁

● 木耳、芹菜、桂圆、葡萄

铁元素在人体中具有造血功能，并参与血蛋白、细胞色素及各种酶的合成。此外，铁还能调节组织呼吸、防止疲劳、增强人体对疾病的抵抗力。

● 苋菜、木耳、松子、莲子

镁是维持人体生命活动的必需元素，具有调节神经和肌肉活动、增强耐久力、降压降糖、镇静等功能。

叶绿素

● 卷心菜、菠菜、生菜、青椒

叶绿素是植物中特有的一种成分，具有很强的抗氧化作用。同时，叶绿素还是一种天然解毒剂，能预防感染，防止炎症的扩散。

❷ 果蔬保存有学问

蔬菜保存时，最好放入保鲜袋中，尽可能排尽空气，然后放在冰箱的冷藏室中，存放时间最好不要超过 3 天。

热带水果大部分怕冷，不宜放在冰箱中冷藏，如火龙果、芒果、荔枝、桂圆、木瓜、红毛丹等。有些水果在购买时尚未完全成熟，如酪梨、猕猴桃等，也不能马上放入冰箱，必须放置于室温下几天，待果肉成熟软化后再冷藏保存。而桃子、桑葚、李子、樱桃、番石榴、葡萄、梨、草莓等水果如果不马上吃，则应放入冰箱中冷藏保鲜。

❸ 清洗蔬果的秘诀

用于榨取蔬果汁的蔬菜和水果都是生食，因此，一定要在使用前清洗干净，以保证饮食卫生和安全。

蔬菜应用清水冲洗 3~6 遍，然后放入淡盐水或放有小苏打的水中浸泡 15~30 分钟，再用凉开水冲洗干净即可。此外，淘米水也是一个很好的选择，将蔬菜浸泡在淘米水中 10 分钟左右，可以去除蔬菜上残留的大部分有害物质。同时，绿叶蔬菜要仔细清洗干净茎叶交接处，且应先洗后切。

确保果汁安全健康的方式是将果皮去除，如橙子、梨、桃、香蕉等。若是不能去皮或者想要连皮一起制成果汁，如杨桃、草莓、圣女果等，则务必将水果表面搓洗干净，或是将水果浸泡于淡盐水中约

10分钟，再用凉开水冲洗干净即可。

❹ DIY 蔬果汁小窍门

想要自己在家榨出一杯营养可口的蔬果汁其实并不难。掌握以下窍门可以助你制作得游刃有余。

精选食材

榨汁的果蔬最好新鲜、成熟、果肉饱满。蔬菜或水果若放置太久，其水分含量和营养价值将大大降低，应该尽量挑选新鲜的材料，腐坏变质的蔬果最好弃之不食。就蔬菜而言，用于榨汁的蔬菜还要考虑质地、口味，太硬或是涩味、生味重的都不适合，比较受欢迎的蔬菜有西红柿、黄瓜、胡萝卜、菠菜等。

巧搭食材

自制蔬菜水果汁时，要注意蔬菜水果的搭配，有些含有破坏维生素 C 物质的蔬菜水果，如胡萝卜、南瓜、哈密瓜等，若与其他蔬果搭配，会使其他蔬果的维生素 C 受破坏。此外，由于蔬菜类食物榨成汁后大多口感不是很好，可添加一些水果搭配使用，这样不仅可以调和口味，还能使蔬果汁的营养更均衡。对于某些寒性蔬果，可添加五谷杂粮进行中和，如芝麻、杏仁、燕麦、核桃等，以免损伤脾胃。

不是所有蔬果都要去籽、去核

某些水果的籽或核有毒，榨汁之前应去掉，比如樱桃、苹果、李子和桃子的果核。但有的果蔬籽含有较多的抗氧化成分，具有很高的营养价值，比如葡萄籽、石榴籽、猕猴桃籽、西瓜籽等，榨汁时最好保留。

妙用冰块

很多人都喜欢喝冰镇过的蔬果汁，因为它的口感比常温下更好。因此，在榨蔬

果汁的时候，可以放入一些冰块，这样可以提升口感，同时也能减少榨汁过程中产生的气泡，防止营养成分氧化。但冰块的量不要太多，以免冲淡蔬果汁。

柠檬尽量最后放

柠檬富含芳香挥发成分，可以生津解暑、开胃醒脾，因此很多人喜欢在榨蔬果汁时加入一点柠檬。但由于柠檬的酸味较浓，容易影响其他食材的口感，所以应尽量在最后放，这样不仅不会破坏蔬果汁的味道，而且能给蔬果汁带来更好的风味。

泡沫不要丢弃

榨好的蔬果汁上面通常有一层厚厚的泡沫，一般我们会因为它没有味道或者看起来不好看而将之丢弃。然而医学研究证明，这层泡沫中其实含有非常丰富的酵素，具有抗炎杀菌、净化血液、增强免疫力等诸多作用。因此，最好不要撇去，且宜尽快喝完。

现榨现饮

蔬果汁现榨现喝才能发挥良好的效用。新鲜蔬果汁含有丰富的维生素，若放置时间长了，会因光线及温度破坏其中的维生素，使得营养价值降低。榨蔬果汁最好不要超过 30 秒，并在 20 分钟内喝完，防止氧化。如果不能马上喝完，最好放入冰箱中冷藏。

Part 2 消脂饮品，甩走赘肉轻松瘦

怎样才能轻松甩掉赘肉，达到瘦身的效果，还没有不良反应呢？如何让消脂瘦身变得更轻松易坚持？对信奉“不吃好哪有力气减肥”的你来说，一定不敢想象真可以通过饮食达到瘦身效果吧。别不信，巧用这粮豆、蔬果，就能助你喝出好身材。

“认清”肥胖巧瘦身

很多人都有这样的疑惑：“我没吃多少东西，怎么又胖了？”“是不是想瘦就只能饿肚子？”……其实，减肥也是一项“技术活”，只要找对了方法，减肥就不再是难事。

吃得太“好”易发胖

为了追求口感，很多人喜欢吃一些过于精细的食物，如西式点心、西式浓汤、奶油饼干等，这些食物添加了大量的奶油、黄油、糖等，虽体积不大，但热量非常高，食用后难以消耗，久而久之就会导致脂肪堆积。另外，巧克力、蛋糕等含脂肪量较高，应尽量少吃。

精算BMI认清肥胖程度

BMI指数是国际上衡量人体胖瘦程度的一个标准，是用体重公斤数除以身高米数平方得出的数字。如果数值低于18.5为偏瘦，18.5~24.9为正常，25~28为轻度肥胖，28~32为中度肥胖，而高于32则为重度肥胖。专家建议BMI指数大于等于28的人群需要减肥。

瘦身小技巧

❶ 清晨喝杯豆浆米糊。早餐最好吃一些暖的流质食物，特别是对于需要消脂瘦身的人来说，这样的早餐既营养又饱腹，因此豆浆、米糊是早餐的最佳选择。除此以外，可以搭配一小份全麦面包或燕麦片，为一天的营养打下好基础。

❷ 蔬果瘦身效果显著。有些蔬菜、水果，如黄瓜、苹果、白萝卜、冬瓜等富含脂肪溶解酶，能促进脂肪的代谢，并抑制糖类转化为脂肪，达到减脂瘦身的效果，可以经常食用。

❸ 享“瘦”有氧运动。有氧运动是有效的减肥办法之一，包括慢跑、游泳、骑自行车、跳舞、做有氧操等。一般来讲，有氧运动应每周坚持3次以上，每次不少于30分钟，运动强度需根据身体状况由低到高逐渐过渡。

南瓜红米豆浆

烹饪时间18分钟；口味清淡

原料 ○ 2人份

水发黄豆40克，水发红米20克，南瓜50克

做法

❶ 洗净去皮的南瓜切开，再切成小块，装入盘中，待用。
❷ 将已浸泡好的红米、黄豆倒入碗中，加入适量清水，搓洗干净，倒入滤网中，沥干。
❸ 把备好的南瓜、红米、黄豆倒入豆浆机中，注入适量清水，至水位线即可。
❹ 盖上豆浆机机头，选择“五谷”程序，再选择“开始”键，开始打浆，待豆浆机运转约15分钟，即成豆浆。
❺ 豆浆机断电，取下机头，将煮好的豆浆过滤好后倒入碗中，用汤匙捞去浮沫即可。

小叮咛 红米含有蛋白质、糖类、膳食纤维、维生素、磷、铁、铜等营养成分，具有消食瘦身、活血化瘀、益气补血等功效。由于南瓜黏性较大，因此制作时可多加些水。

烹饪时间 18 分钟；口味清淡

南瓜二豆浆

原料 ○ 2 人份

水发红豆、水发绿豆各40克，南瓜块30克

做法

❶ 将已浸泡4小时的红豆、绿豆倒入碗中，注入适量清水，用手搓洗干净。

❷ 把洗好的食材倒入滤网中，沥干。

❸ 将红豆、绿豆、南瓜倒入豆浆机中，注入适量清水，至水位线即可。

❹ 盖上豆浆机机头，选择“五谷”程序，再选择“开始”键，开始打浆。

❺ 待豆浆机运转约15分钟，即成豆浆，将豆浆机断电，取下机头。

❻ 把煮好的豆浆倒入滤网中，滤取豆浆，将滤好的豆浆倒入杯中即可。

烹饪时间 22 分钟；口味清淡

南瓜大米黄豆浆

原料 ○ 3 人份

南瓜100克，水发黄豆50克，大米40克

做法

❶ 洗净去皮的南瓜切片，改切成小块。

❷ 大米倒入碗中，加入已浸泡8小时的黄豆，注入适量清水，用手搓洗干净，将洗好的黄豆倒入滤网中，沥干。

❸ 把洗好的材料倒入豆浆机中，加入南瓜，注入适量清水，至水位线即可。

❹ 盖上豆浆机机头，选择“五谷”程序，再选择“开始”键，开始打浆，待豆浆机运转约20分钟，即成豆浆。

❺ 将豆浆机断电，取下机头，把煮好的豆浆倒入滤网中，滤取豆浆，倒入杯中，用汤匙捞去浮沫即可。

烹饪时间 23 分钟；口味清淡

红枣燕麦豆浆

原料 ○ 2 人份

燕麦20克，水发黄豆50克，红枣适量

做法

1. 洗好的红枣切开，去核，切碎备用。
2. 将已浸泡8小时的黄豆倒入碗中，注入适量清水，搓洗干净，倒入滤网中，沥干水分。
3. 取豆浆机，倒入红枣、燕麦、黄豆，注入适量清水，至水位线即可。
4. 盖上豆浆机机头，选择“五谷”程序，再选择“开始”键，待豆浆机运转约20分钟，即成豆浆。
5. 将豆浆机断电，取下机头，再把煮好的豆浆过滤，倒入杯中，用汤匙捞去浮沫即可。

小叮咛 燕麦是一种低糖、高营养、高能食品，具有较好的改善血液循环、减肥的作用。其含有维生素B_1、叶酸、镁、铁、锌等营养成分，还具有增强免疫力、开胃消食等功效。

烹饪时间 22 分钟；口味清淡

红枣米润豆浆

原料 ○ 4 人份

水发黄豆、水发糯米各100克，红枣20克

做法

❶ 将已浸泡好的黄豆、糯米倒入碗中，注水，搓洗干净，沥干待用。

❷ 将备好的黄豆、糯米、红枣倒入豆浆机中，注水至水位线。

❸ 盖上豆浆机机头，选择“五谷”程序，再选择“开始”键，开始打浆。

❹ 待豆浆机运转约20分钟，即成豆浆。

❺ 取下豆浆机机头，将打好的豆浆倒入滤网中，滤取豆浆。

❻ 把过滤好的豆浆倒入碗中，待稍凉后即可饮用。

烹饪时间 18 分钟；口味清淡

红枣二豆浆

原料 ○ 2 人份

红枣4克，水发红豆40克，水发绿豆35克

做法

❶ 将已浸泡4小时的绿豆、红豆倒入碗中，注入适量清水，搓洗干净，把洗好的食材倒入滤网中，沥干。

❷ 将洗净的食材倒入豆浆机中，再加入洗好的红枣，注入适量清水，至水位线即可。

❸ 盖上豆浆机机头，选择“五谷”程序，再选择“开始”键，开始打浆。

❹ 待豆浆机运转约15分钟，即成豆浆，将豆浆机断电，取下机头。

❺ 把煮好的豆浆倒入滤网中，滤取豆浆，将滤好的豆浆倒入碗中即可。

烹饪时间 22 分钟；口味清淡

燕麦糙米豆浆

原料 ○ 2人份

水发黄豆40克，燕麦10克，糙米5克

做法

❶ 将已浸泡好的黄豆、糙米倒入碗中，注入适量清水，搓洗干净，倒入滤网中，沥干水分。

❷ 将洗好的黄豆、糙米、燕麦倒入豆浆机中，注入适量清水，至水位线即可。

❸ 盖上豆浆机机头，选择“五谷”程序，再选择“开始”键，开始打浆，待豆浆机运转约20分钟，即成豆浆。

❹ 将豆浆机断电，取下机头，把煮好的豆浆倒入滤网中，滤取豆浆，将滤好的豆浆倒入杯中即可。

小叮咛 与普通精制白米相比，糙米包裹着粗纤维、糠蜡等，口感较粗，质地紧密，其瘦身、消脂效果更显著。

烹饪时间 17 分钟；口味清淡

燕麦枸杞山药豆浆

原料 ○ 2人份

水发黄豆40克，枸杞5克，燕麦15克，山药25克

做法

❶ 洗净去皮的山药切成片；将已浸泡8小时的黄豆倒入碗中，注入适量清水，搓洗干净，沥干待用。

❷ 取豆浆机，倒入枸杞、燕麦、山药、黄豆，注入适量清水，至水位线即可。

❸ 盖上豆浆机机头，选择“五谷”程序，再选择“开始”键，开始打浆。

❹ 待豆浆机运转约15分钟，即成豆浆。

❺ 将豆浆机断电，取下机头，把煮好的豆浆倒入滤网中，滤取豆浆，将滤好的豆浆倒入碗中即可。

小叮咛 燕麦含有B族维生素、泛酸、叶酸、磷、钾、铁、铜等营养成分，具有益肝和胃、润肠通便、排毒、瘦身等功效。

胡萝卜豆浆

烹饪时间18分钟；口味清淡

原料 ○ 3人份

胡萝卜20克，水发黄豆50克

做法

1. 洗净的胡萝卜切成滚刀块，备用。
2. 将已浸泡8小时的黄豆倒入碗中，注入适量清水，搓洗干净，沥干待用。
3. 将备好的胡萝卜、黄豆倒入豆浆机中，注入适量清水，至水位线即可。
4. 盖上豆浆机机头，选择“五谷”程序，再选择“开始”键，开始打浆，待豆浆机运转约15分钟，即成豆浆。
5. 将豆浆机断电，取下机头，把煮好的豆浆倒入滤网中，滤取豆浆，将滤好的豆浆倒入碗中即可。

小叮咛 胡萝卜的热量较低，富含植物纤维，植物纤维具有很强的吸水性，可以起到通便润肠、排毒瘦身的功效。

烹饪时间 17 分钟；口味清淡

胡萝卜黑豆豆浆

原料 ○ 3 人份

水发黑豆60克，胡萝卜块50克

做法

1. 将已浸泡8小时的黑豆倒入碗中，加入适量清水，用手搓洗干净，再倒入滤网中，沥干水分。
2. 把黑豆、胡萝卜块倒入豆浆机中，注入适量清水，至水位线即可。
3. 盖上豆浆机机头，选择“五谷”程序，再选择“开始”键，开始打浆。
4. 待豆浆机运转约15分钟，即成豆浆。
5. 豆浆机断电后取下机头，把煮好的豆浆过滤好后倒入杯中，用汤匙捞去浮沫即可。

小叮咛 黑豆味甘性平，具有高蛋白、低热量的特性，而胡萝卜富含胡萝卜素、膳食纤维等营养成分，食用本品不仅易消化吸收，还有较好的排毒瘦身功效。

姜汁黑豆豆浆

烹饪时间 17 分钟；口味清淡

原料 ○ 2 人份

姜汁30毫升，水发黑豆45克

做法

❶ 取豆浆机，倒入备好的姜汁，加入洗净的黑豆。

❷ 注入适量清水，至水位线即可。

❸ 盖上豆浆机机头，选择“五谷”程序，再选择“开始”键，开始打浆。

❹ 待豆浆机运转约15分钟，即成豆浆。

❺ 将豆浆机断电，取下机头，把煮好的豆浆倒入滤网中，滤取豆浆，倒入碗中，用汤匙捞去浮沫即可。

枸杞百合豆浆

烹饪时间 17 分钟；口味甜

原料 ○ 4 人份

水发黄豆80克，百合20克，枸杞10克

调料

白糖15克

做法

❶ 将已浸泡8小时的黄豆倒入碗中，加入适量清水，用手搓洗干净。

❷ 将洗好的材料倒入滤网中，沥干水分。

❸ 把洗好的黄豆、百合、枸杞倒入豆浆机中，注水至水位线。

❹ 盖上豆浆机机头，选择“五谷”程序，再选择“开始”键，开始打浆，待豆浆机运转约15分钟，即成豆浆。

❺ 将豆浆机断电，取下机头，把煮好的豆浆倒入滤网中，滤取豆浆，倒入碗中，加入白糖，拌匀，捞去浮沫即可。

枸杞黑芝麻豆浆

烹饪时间17分钟；口味甜

原料 ○ 4人份

水发黄豆75克，黑芝麻30克，枸杞20克

调料

白糖10克

做法

1. 将已浸泡8小时的黄豆倒入碗中，加入适量清水，搓洗干净，沥干待用。
2. 把洗好的黄豆、枸杞、黑芝麻倒入豆浆机中，注入适量清水，至水位线即可。
3. 盖上豆浆机机头，选择“五谷”程序，再选择“开始”键，开始打浆。
4. 待豆浆机运转约15分钟，即成豆浆。
5. 将豆浆机断电，取下机头，把煮好的豆浆倒入滤网中，滤取豆浆，倒入杯中，加入白糖，搅拌均匀，用汤匙捞去浮沫即可。

小叮咛 本品属于高蛋白、低脂肪的美食。黑芝麻药食两用，具有滋五脏、益精血、润肠燥等保健功效，被视为滋补圣品；而黄豆含有优质蛋白质和丰富的矿物质。

烹饪时间 18 分钟；口味清淡

枸杞小米豆浆

原料 ○ 2 人份

枸杞20克，水发小米30克，水发黄豆40克

做法

❶ 将已浸泡8小时的黄豆倒入碗中，再放入已浸泡4小时的小米，加入适量清水，用手搓洗干净。

❷ 将洗好的食材倒入滤网中，沥干水分；把洗净的枸杞倒入豆浆机中，再放入洗好的黄豆和小米。

❸ 注水至水位线，盖上豆浆机机头，选择“五谷”程序，再选择“开始”键，开始打浆。

❹ 待豆浆机运转约15分钟，即成豆浆。

❺ 将豆浆机断电，取下机头，过滤煮好的豆浆，把滤好的豆浆倒入碗中，用汤匙捞去浮沫即可。

小叮咛 枸杞含有胡萝卜素、亚油酸、铁、钾、锌、钙等营养成分，具有滋补肝肾、增强免疫力等功效，搭配具有利水作用的小米和富含纤维素的黄豆，还有消肿瘦身之效。

烹饪时间 17 分钟；口味清淡

山药枸杞豆浆

原料 ○3 人份

枸杞15克，水发黄豆60克，山药45克

做法

1. 洗净的山药去皮，切片，再切成小块。
2. 将已浸泡8小时的黄豆倒入碗中，加入适量清水，搓洗干净，将洗好的黄豆倒入滤网中，沥干。
3. 把黄豆、枸杞、山药倒入豆浆机中，注水至水位线，盖上豆浆机机头，选择“五谷”程序，再选择“开始”键，开始打浆。
4. 待豆浆机运转约15分钟，即成豆浆，将豆浆机断电，取下机头，把煮好的豆浆倒入滤网中，滤取豆浆，倒入杯中，用汤匙捞去浮沫即可。

小叮咛 山药肉质细嫩，含有多种维生素和矿物质，且其热量相对较低，经常食用，有减肥健美的作用。

双黑米豆浆

烹饪时间22分钟；口味清淡

原料 ○ 3人份

黑米40克，水发黄豆50克，水发木耳25克

做法

1. 碗中倒入泡好的黄豆和黑米，注入适量清水，将黄豆和黑米搓洗干净，将洗好的材料倒入滤网中，沥干水分。
2. 把黄豆和黑米放入豆浆机中，放入洗净的木耳。
3. 注入适量清水，盖上豆浆机机头，选择“五谷”程序，再选择“开始”键，开始打浆。
4. 待豆浆机运转约20分钟，即成豆浆，将豆浆机断电，取下机头。
5. 把煮好的豆浆倒入滤网中，用汤匙轻轻搅拌，滤取豆浆，将滤好的豆浆倒入碗中，用汤匙捞去浮沫即可。

小叮咛 木耳中的脂肪进入人体后可使体内脂肪呈液质状态，有利于脂肪的消耗，带动体内脂肪运动，使脂肪分布合理，形体匀称。

烹饪时间 22 分钟；口味清淡

黑米核桃黄豆浆

原料 ○3 人份

黑米20克，水发黄豆50克，核桃仁适量

做法

1. 将黑米、黄豆倒入碗中，注入适量清水，用手搓洗干净，把洗好的食材倒入滤网中，沥干水分。
2. 把洗净的食材倒入豆浆机中，放入核桃仁，注水至水位线，盖上豆浆机机头，选择“五谷”程序，再选择“开始”键，开始打浆。
3. 待豆浆机运转约20分钟，即成豆浆，将豆浆机断电，取下机头。
4. 把煮好的豆浆倒入滤网中，滤取豆浆，把滤好的豆浆倒入杯中，用汤匙捞去浮沫即可。

小叮咛 黑米纤维素含量高，食用后饱腹感强，有助于控制食欲，达到减肥的目的。另外，黑米还能清除体内的自由基，改善贫血。

烹饪时间 22 分钟；口味甜

黑米南瓜豆浆

原料 ○ 4 人份

水发黑豆、水发黑米、南瓜块各80克

调料

白糖适量

做法

1. 将已浸泡好的黑豆、黑米倒入碗中，注入适量清水，搓洗干净，倒入滤网中，沥干水分，待用。
2. 取豆浆机，倒入备好的黑豆、黑米、南瓜块，倒入适量清水，至水位线即可。
3. 盖好豆浆机机头，选择“五谷”程序，再选择“开始”键，开始打浆。
4. 待豆浆机运转约20分钟，即成豆浆，把打好的豆浆倒入滤网中，用勺子搅拌，滤取豆浆。
5. 将过滤好的豆浆倒入碗中，加入白糖，拌匀即可。

小叮咛 南瓜营养丰富，含有淀粉、蛋白质、胡萝卜素、B族维生素、维生素C等，具有润肺益气、利尿减肥的功效。

红豆小米豆浆

烹饪时间23分钟；口味清淡

原料 ○ 5人份

水发红豆120克，水发小米100克

做法

1. 将已浸泡5小时的红豆、浸泡3小时的小米放入碗中，注入适量清水，用手搓洗干净。
2. 把洗好的红豆、小米倒入滤网中，沥干水分，待用。
3. 将备好的红豆、小米倒入豆浆机中，注入适量清水，至水位线即可。
4. 盖上豆浆机机头，选择“五谷”程序，再选择“开始”键，开始打浆，待豆浆机运转约20分钟，即成豆浆。
5. 断电后取下豆浆机机头，把打好的豆浆倒入滤网中，滤取豆浆，将过滤后的豆浆倒入杯中，待稍凉后即可饮用。

小叮咛 小米中含有的维生素B_1能促进糖分的分解，帮助人体有效预防肥胖，是女性美体的首选食材。

烹饪时间 17 分钟；口味清淡

绿豆红枣豆浆

原料 ○2 人份

红枣4克，水发绿豆50克

做法

1. 将已浸泡6小时的绿豆倒入碗中，注入适量清水，搓洗干净，把洗好的绿豆倒入滤网中，沥干。
2. 将备好的红枣、绿豆倒入豆浆机中，注入适量清水，至水位线即可。
3. 盖上豆浆机机头，选择“五谷”程序，再选择“开始”键，待豆浆机运转约15分钟，即成豆浆。
4. 将豆浆机断电，取下机头，把煮好的豆浆倒入滤网中，滤取豆浆。
5. 将滤好的豆浆倒入杯中即可。

小叮咛 绿豆中的多糖成分能增强血清脂蛋白酶的活性，使脂蛋白中三酰甘油水解，达到减少脂肪沉积的作用。

烹饪时间 23 分钟；口味清淡

绿豆豌豆大米豆浆

原料 ○ 3人份

豌豆35克，水发大米40克，水发绿豆50克

做法

❶ 将已浸泡好的大米、绿豆倒入容器中，加入适量清水，搓洗干净，倒入滤网中，沥干水分。

❷ 把洗好的材料放入豆浆机中，倒入洗净的豌豆，注入适量清水，至水位线即可。

❸ 盖上豆浆机机头，选择“五谷”程序，再选择“开始”键，开始打浆。

❹ 待豆浆机运转约20分钟，即成豆浆。

❺ 将豆浆机断电，取下机头，倒出煮好的豆浆，再倒入碗中即可。

小叮咛 豌豆富含粗纤维，能刺激大肠蠕动，促进肠道内脂肪和有害物质的排出，起到去脂、排毒的功效。

烹饪时间 17 分钟；口味清淡

南瓜子豆浆

原料 ○ 3 人份

水发黄豆60克，南瓜子50克

做法

1. 将已浸泡8小时的黄豆倒入碗中，注入适量清水，搓洗干净，把洗好的黄豆倒入滤网中，沥干水分。
2. 将南瓜子、黄豆倒入豆浆机中，注水至水位线。
3. 盖上豆浆机机头，选择“五谷”程序，再选择“开始”键，开始打浆。
4. 待豆浆机运转约15分钟，即成豆浆，将豆浆机断电，取下机头。
5. 把煮好的豆浆倒入滤网，滤取豆浆，将滤好的豆浆倒入杯中即可。

小叮咛 选购南瓜子时，以个大、子粒饱满、无霉烂变质和虫蛀的为佳，购回之后还要进行筛选，清除坏子或杂质，防止“病从口入”。

烹饪时间 18 分钟；口味清淡

紫薯山药豆浆

原料 ○ 2人份

山药20克，紫薯15克，
水发黄豆50克

做法

1. 洗净去皮的山药切成滚刀块，洗好的紫薯切块。
2. 将已浸泡8小时的黄豆倒入碗中，注入适量清水，搓洗干净，把洗好的黄豆倒入滤网中，沥干。
3. 将备好的紫薯、山药、黄豆倒入豆浆机中，注水至水位线，盖上豆浆机机头，选择“五谷”程序，再选择“开始”键，开始打浆。
4. 待豆浆机运转约15分钟，即成豆浆。
5. 将豆浆机断电，取下机头，把煮好的豆浆倒入滤网中，滤取豆浆，将滤好的豆浆倒入碗中即可。

小叮咛 紫薯具有增强机体免疫力、促进胃肠蠕动、延缓衰老、清肠瘦身等功效，搭配山药制成豆浆饮用，清肠效果更好，有瘦身需求者可经常食用。

紫薯米豆浆

烹饪时间23分钟；口味清淡

原料 ○ 2人份

水发大米35克，紫薯40克，水发黄豆45克

做法

❶ 洗净去皮的紫薯切滚刀块，备用。

❷ 取豆浆机，倒入洗好的大米、紫薯、黄豆，注入适量清水，至水位线即可。

❸ 盖上豆浆机机头，选择“五谷”程序，再选择“开始”键，开始打浆。

❹ 待豆浆机运转约20分钟，即成豆浆。

❺ 将豆浆机断电，取下机头，把煮好的豆浆倒入滤网中，滤取豆浆，倒入碗中，用汤匙撇去浮沫即可。

小叮咛 本品口感清爽，营养较全面，具有促进消化、排毒之效。肥胖者食用，不但能帮助消耗热量，还有清肠润肺的作用。

紫薯牛奶豆浆

烹饪时间16分钟；口味清淡

原料 ○ 2人份

紫薯30克，水发黄豆50克，牛奶200毫升

做法

1. 洗净的紫薯切成滚刀块，装入盘中，备用。
2. 把紫薯放入豆浆机中，倒入牛奶、已浸泡好的黄豆，注入适量清水，至水位线即可。
3. 盖上豆浆机机头，选择“五谷”程序，再选择“开始”键，开始打浆，待豆浆机运转约15分钟，即成豆浆。
4. 将豆浆机断电，取下机头，把煮好的豆浆倒入滤网中，滤取豆浆。
5. 把滤好的豆浆倒入碗中，用汤匙捞去浮沫，待稍微放凉后即可饮用。

小叮咛 牛奶含有蛋白质、乳糖、钙、磷、铁、锌、铜、锰等营养成分，具有改善新陈代谢、安神助眠等功效，搭配有通肠润燥功效的紫薯和黄豆食用，还可减肥瘦身。

烹饪时间 17 分钟；口味清淡

黑豆红枣枸杞豆浆

原料 ○ 2 人份

黑豆50克，红枣15克，枸杞20克

做法

❶ 洗净的红枣切开，去核，切成小块。

❷ 把已浸泡6小时的黑豆倒入碗中，放入清水，用手搓洗干净，把洗好的黑豆倒入滤网中，沥干水分。

❸ 将黑豆、枸杞、红枣倒入豆浆机中，注入适量清水，至水位线即可。

❹ 盖上豆浆机机头，选择“五谷”程序，再选择“开始”键，待豆浆机运转约15分钟，即成豆浆。

❺ 将豆浆机断电，取下机头，过滤豆浆，把滤好的豆浆倒入碗中即可。

小叮咛 黑豆的纤维素含量高达4%，其可促进肠胃蠕动，预防便秘，所以是不错的减肥食材。为了达到更好的减脂、通便效果，豆浆最好不要过滤。

烹饪时间 22 分钟；口味清淡

黑豆雪梨大米豆浆

原料 ○ 4 人份

水发黑豆、水发大米各100克，雪梨块120克

做法

❶ 将浸泡好的黑豆、大米倒入碗中，注入适量清水，搓洗干净，倒入滤网中，沥干水分，待用。

❷ 取豆浆机，倒入雪梨、黑豆、大米，注水至水位线，盖上豆浆机机头，选择“五谷”程序，再选择“开始”键，开始打浆。

❸ 待豆浆机运转约20分钟，即成豆浆，断电后取下豆浆机机头。

❹ 把打好的豆浆倒入滤网中，用勺子搅拌，滤取豆浆，将滤好的豆浆倒入杯中即可。

小叮咛 将大米与黑豆一同制作成豆浆饮用，使得成品浓度更高，且饱腹感更强，可作为主食食用，是需要减肥瘦身人群的食疗佳品。

烹饪时间 22 分钟；口味清淡

荞麦大米豆浆

原料 ○ 2 人份

荞麦30克，水发大米40克，水发黄豆55克

做法

❶ 将泡好的黄豆、荞麦、大米倒入碗中，加入适量清水，用手搓洗干净，沥干水分，待用。

❷ 把洗好的食材倒入豆浆机中，注入适量清水，至水位线即可。

❸ 盖上豆浆机机头，选择“五谷”程序，再选择“开始”键，开始打浆。

❹ 待豆浆机运转约20分钟，即成豆浆，将豆浆机断电，取下机头。

❺ 把煮好的豆浆倒入滤网中，滤取豆浆，再倒入碗中，用汤匙撇去浮沫即可。

烹饪时间 18 分钟；口味清淡

荞麦枸杞豆浆

原料 ○ 2 人份

水发黄豆55克，枸杞25克，荞麦30克

做法

❶ 将泡好的黄豆倒入碗中，再放入荞麦，加入适量清水，搓洗干净。

❷ 将洗好的材料倒入滤网中，沥干。

❸ 把备好的荞麦、黄豆、枸杞倒入豆浆机中，注入适量清水，至水位线即可。

❹ 盖上豆浆机机头，选择“五谷”程序，再选择“开始”键，开始打浆。

❺ 待豆浆机运转约15分钟，即成豆浆。

❻ 将豆浆机断电，取下机头，把煮好的豆浆倒入滤网中，滤取豆浆。

❼ 把过滤好的豆浆倒入碗中，用汤匙撇去浮沫即可。

荞麦山楂豆浆

烹饪时间18分钟；口味酸

原料 ○ 3人份

水发黄豆60克，荞麦10克，鲜山楂30克

做法

❶ 洗净的山楂切开，去核，再切成块，备用。

❷ 将已浸泡8小时的黄豆、荞麦倒入碗中，注入适量清水，用手搓洗干净，把洗好的食材倒入滤网中，沥干水分。

❸ 将山楂、黄豆、荞麦倒入豆浆机中，注入适量清水，至水位线即可。

❹ 盖上豆浆机机头，选择“五谷”程序，再选择“开始”键，开始打浆，待豆浆机运转约15分钟，即成豆浆。

❺ 将豆浆机断电，取下机头，把煮好的豆浆倒入滤网中，滤取豆浆，将滤好的豆浆倒入碗中即可。

小叮咛 荞麦富含纤维素，可使人体内的废物快速排出体外，减少“肠毒”的滞留与吸收，起到清理肠胃垃圾、瘦身的作用。

烹饪时间 17 分钟；口味甜

西红柿黄豆豆浆

原料 ○ 3人份

西红柿55克，水发黄豆65克

调料

白糖适量

做法

1. 洗净的西红柿切开，再切小瓣，改切成小块。
2. 将已浸泡8小时的黄豆倒入碗中，加入适量清水，搓洗干净，将洗好的黄豆倒入滤网中，沥干。
3. 把黄豆倒入豆浆机中，再放入西红柿块，注入适量清水，至水位线即可。
4. 盖上豆浆机机头，选择“五谷”程序，再选择“开始”键，待豆浆机运转约15分钟，即成豆浆。
5. 将豆浆机断电，取下机头，把煮好的豆浆过滤一遍，再倒入杯中，用汤匙撇去浮沫，加入白糖即可。

小叮咛 西红柿中的纤维素可促进胃肠蠕动和促进胆固醇由消化道排出体外，具有降脂减肥的功效。同时，西红柿含苹果酸、柠檬酸等有机酸，能加速脂肪的消化，有效抑制脂肪囤积。

烹饪时间 18 分钟；口味清淡

西红柿山药豆浆

原料 ○ 2 人份

水发黄豆、西红柿、山药各50克

做法

1. 洗好的西红柿切成小块；洗净去皮的山药切片，再切成小块，备用。
2. 取豆浆机，倒入切好的山药、西红柿、洗好的黄豆，加入适量清水，至水位线即可。
3. 盖上豆浆机机头，选择“五谷”程序，再选择“开始”键，开始打浆。
4. 待豆浆机运转约15分钟，即成豆浆，将豆浆机断电，取下机头，把煮好的豆浆倒入滤网中，滤取豆浆。
5. 将滤好的豆浆倒入碗中，用汤匙撇去浮沫即可。

小叮咛 山药皮中的皂角素或黏液里含的植物碱，少数人接触会引起皮肤过敏而发痒，可将山药放入蒸锅中蒸片刻后再取出去皮。

芝麻豌豆糊

烹饪时间22分钟；口味清淡

原料 ○ 1人份

黑芝麻35克，豌豆65克

调料

冰糖适量

做法

❶ 豌豆倒入碗中，加入适量清水，用手搓洗干净。
❷ 将洗好的豌豆倒入滤网，沥干水分。
❸ 把沥干水的豌豆倒入豆浆机中，放入黑芝麻、冰糖，注入清水，至水位线即可。
❹ 盖上豆浆机机头，选择“五谷”程序，再选择“开始”键，开始打浆，待豆浆机运转约20分钟即成。
❺ 将豆浆机断电，取下机头，把煮好的豌豆糊倒入滤网，再倒入碗中，用汤匙捞去浮沫即可。

小叮咛 黑芝麻中所含的油脂主要为不饱和脂肪酸，适量摄入可补充减肥人士对脂肪的需求，搭配淀粉和纤维素含量高的豌豆食用，更容易产生饱腹感，控制食欲。

烹饪时间 25 分钟；口味清淡

山药米糊

原料 ○ 2人份

水发大米150克，去皮山药块80克，鲜百合、水发莲子各20克

做法

1. 取豆浆机，摘下机头，倒入泡好的大米、莲子，再倒入洗好的百合、山药块。
2. 注入适量清水，至水位线。
3. 盖上机头，按“选择”键，再选择“米糊”选项，按“启动”键开始运转。
4. 待豆浆机运转约20分钟，即成米糊，将豆浆机断电，取下机头。
5. 将煮好的米糊倒入碗中，待凉后即可食用。

小叮咛 山药的脂肪含量很低，其所含的可溶性膳食纤维吸水后体积会膨胀，容易增强人的饱腹感，对于控制食欲、瘦身减肥有很好的辅助作用。

烹饪时间22分钟；口味清淡

胡萝卜米糊

原料 ○ 4人份

去皮胡萝卜、绿豆各150克，水发大米300克，去心莲子10克

做法

❶ 洗净的胡萝卜切成小块。

❷ 取豆浆机，倒入洗净去心的莲子、胡萝卜、大米、绿豆，注入适量清水，至水位线即可。

❸ 盖上豆浆机机头，按“选择”键，选择“快速豆浆”选项，再按“启动”键开始运转。

❹ 待豆浆机运转约20分钟，即成米糊，将豆浆机断电，取下机头。

❺ 将煮好的米糊倒入碗中，待凉后即可食用。

小叮咛 本品口感鲜美，且容易消化吸收，其中，胡萝卜、绿豆中含有多种矿物质和丰富的膳食纤维，有很好的保护视力、通肠排毒、瘦身、润泽肌肤的功效。

红枣枸杞米糊

烹饪时间4分钟；口味甜

原料 ○1人份

米碎50克，红枣20克，枸杞10克

做法

1. 把洗净的红枣切开，去除果核，再切成丁。
2. 取榨汁机，选择搅拌刀座组合，放入洗好的枸杞、红枣丁、泡发的米碎。
3. 盖上盖子，通电后选择“搅拌”功能，搅拌片刻，至全部食材成碎末。
4. 断电后取出搅拌好的食材，即成红枣米浆。
5. 汤锅上火烧热，倒入红枣米浆，搅拌匀，用小火煮片刻至米浆呈糊状。
6. 关火后盛出煮好的米糊，装在碗中即可。

小叮咛 红枣含有有机酸、维生素A、维生素C 、多种微量元素以及氨基酸等成分，减肥人群，尤其女性适量食用，可帮助增强抵抗力、预防贫血。

烹饪时间 32 分钟；口味清淡

红枣核桃米糊

原料 ○ 2 人份

水发大米100克，红枣肉15克，核桃仁25克

做法

1. 取豆浆机，倒入洗净的大米，放入备好的核桃仁、红枣肉。
2. 注入适量清水，至水位线即可。
3. 盖上豆浆机机头，选择“五谷”程序，再选择“开始”键，开始打浆。
4. 待豆浆机运转约30分钟，制成米糊。
5. 断电后取下机头，倒出米糊，装入碗中，待稍微放凉后即可食用。

此款米糊可作为上班族或老年人的早餐，营养丰富，且易消化吸收，还能起到健脑益智、润肠通便等功效。

烹饪时间 3 分钟；口味甜

芹菜苹果汁

原料 ○ 1 人份

苹果100克，芹菜90克

调料

白糖7克

做法

❶ 将洗净的芹菜切粒状；洗净的苹果切开，去除果核，改切成小瓣，再把果肉切小块。

❷ 取榨汁机，选择搅拌刀座组合，倒入切好的食材，注入少许矿泉水，盖上盖。

❸ 通电后选择“榨汁”功能，榨一会儿，使食材榨出汁水。

❹ 揭开盖，加入白糖；盖好盖，再次选择“榨汁”功能，搅拌一会儿，至糖分溶化。

❺ 断电后倒出榨好的苹果汁，装入碗中即成。

小叮咛 苹果含有独特的果酸，可以加速新陈代谢，促进多余脂肪的消耗，搭配富含膳食纤维的芹菜食用，瘦身效果更佳。

烹饪时间 3 分钟；口味甜

芹菜胡萝卜柑橘汁

原料 ○ 1 人份

芹菜70克，胡萝卜100克，柑橘1个

做法

1. 洗净的芹菜切段；洗好去皮的胡萝卜切条，改切成粒。
2. 柑橘剥去外皮，掰成瓣，去掉橘络，备用。
3. 取榨汁机，选择搅拌刀座组合，倒入芹菜、胡萝卜、柑橘。
4. 加入适量矿泉水，盖上盖，选择“榨汁”功能，榨取蔬果汁。
5. 断电后揭开盖，把榨好的蔬果汁倒入杯中即可。

烹饪时间 5 分钟；口味甜

芹菜胡萝卜苹果汁

原料 ○ 1 人份

芹菜60克，胡萝卜80克，苹果100克

调料

蜂蜜15克

做法

1. 洗净的芹菜切成段；洗净去皮的胡萝卜切块，改切成丁；洗好的苹果切瓣，去核，切成小块，备用。
2. 取榨汁机，选择搅拌刀座组合，倒入苹果、芹菜、胡萝卜，加入适量水。
3. 盖上盖，选择“榨汁”功能，榨取果蔬汁；揭盖，加入蜂蜜。
4. 盖上盖子，选择“榨汁”功能，搅拌一会儿，断电后将榨好的蔬果汁倒入杯中即可。

美味香蕉蜜瓜汁

烹饪时间3分钟；口味甜

原料 ○ 1人份

香蕉1根，雪梨120克，哈密瓜100克

调料

蜂蜜15克

做法

❶ 将洗净去皮的哈密瓜切成小块；洗净的雪梨去皮，去核，切成小块；香蕉去皮，把果肉切成小块，备用。

❷ 取榨汁机，选择搅拌刀座组合，把切好的水果放入榨汁机搅拌杯中。

❸ 加适量矿泉水，盖上盖子，通电后选择“榨汁”功能，充分搅拌，榨出果汁。

❹ 断电后揭盖，加入蜂蜜；盖上盖子，通电后再搅拌一会儿。

❺ 断电后把榨好的果汁倒入杯中即可。

小叮咛 香蕉所含的纤维素相当丰富，能促进胃肠蠕动，增强饱腹感，适量食用既可减少能量的摄入，还可将体内积聚已久的毒素与废物带出体外。

烹饪时间 2 分钟；口味清淡

香蕉木瓜汁

原料 ○ 1 人份

木瓜100克，香蕉80克

做法

1. 去皮的香蕉切成段。
2. 洗净的木瓜切开去籽，去皮切成小块，待用。
3. 取榨汁机，倒入香蕉段、木瓜块。
4. 注入适量的凉开水。
5. 盖上盖，按下“榨汁”键，榨取果汁。
6. 断电后将果汁倒入杯中即可。

木瓜中的木瓜酵素能帮助人体分解蛋白质、糖类和脂肪，进而防止热量在体内堆积，搭配香蕉食用，更有利于排毒瘦身。

烹饪时间 3 分钟；口味甜

葡萄柚菠萝汁

原料 ○ 1人份

葡萄柚60克，菠萝100克

调料

蜂蜜适量

做法

1. 洗净的葡萄柚去皮，切成小块；处理好的菠萝切去梗，再切成小块，待用。
2. 备好榨汁机，倒入葡萄柚块、菠萝块。
3. 倒入适量的凉开水，盖上盖，调转旋钮至1档，榨取果汁。
4. 打开盖，将榨好的果汁倒入杯中。
5. 再淋上备好的蜂蜜即可。

小叮咛 菠萝中丰富的纤维素可以润肠通便，促进脂肪的分解，还有利于代谢产物的排出，控制体重，预防肥胖。

葡萄柚黄瓜汁

烹饪时间3分钟；口味酸

原料 ○ 1人份

葡萄柚120克，黄瓜50克，柠檬20克

做法

❶ 洗净的葡萄柚去皮，切成小块。
❷ 洗净的黄瓜去皮切成条，再切成丁，待用。
❸ 备好榨汁机，倒入葡萄柚块、黄瓜丁。
❹ 挤入适量的柠檬汁，倒入凉开水。
❺ 盖上盖，调转旋钮至1档，榨取蔬果汁。
❻ 打开盖，将榨好的蔬果汁倒入杯中即可。

小叮咛 黄瓜含有的丙醇二酸等活性物质，能抑制糖类转化为脂肪，对脾胃及排泄系统都非常有益，搭配柠檬、葡萄柚，还具有美容润肤的作用，是女性减肥瘦身的佳品。

阳光葡萄柚苹果

烹饪时间2分钟；口味清淡

原料 ○ 1人份

葡萄柚150克，苹果100克

做法

❶ 葡萄柚去膜，去籽，用小刀取出果肉。
❷ 洗净的苹果切开，去核，去皮，再切成小块，备用。
❸ 取榨汁机，倒入葡萄柚、苹果。
❹ 加入适量纯净水，盖上盖，选择“榨汁”功能，榨约30秒。
❺ 取一个杯子，将榨好的果汁滤入杯中，撇去浮沫即可。

小叮咛 现代研究表明，在瘦身食谱中加上葡萄柚或葡萄柚汁，可以达到减轻体重的效果。苹果皮营养价值较高，可以不用去皮。

烹饪时间 2 分钟；口味甜

猕猴桃西瓜汁

原料 ○ 1人份

西瓜肉块240克，猕猴桃肉块140克

调料

蜂蜜适量

做法

1. 取备好的榨汁机，倒入西瓜果肉、猕猴桃肉，选择最低档位，开始榨汁。
2. 待果汁榨好后切断电源，倒出榨好的的猕猴桃西瓜汁。
3. 将榨好的汁装入碗中，加入蜂蜜，调匀。
4. 把调好的果汁装入玻璃杯中即可。

小叮咛 蜂蜜热量低，几乎不含脂肪，其所含的糖类主要是葡萄糖和果糖，易被人体消化吸收，经常饮用蜂蜜水，可以起到润肠通便、排毒养颜、减肥的功效。

烹饪时间 2 分钟；口味酸

猕猴桃绿茶柠檬汁

原料 ○ 1人份

去皮猕猴桃50克，绿茶50毫升，柠檬汁少许

做法

1. 洗净去皮的猕猴桃切块。
2. 绿茶过滤出茶水，待用。
3. 将猕猴桃块倒入榨汁机中，加入柠檬汁。
4. 倒入绿茶水，盖上盖，启动榨汁机，榨约15秒制成果汁。
5. 断电后揭开盖，将果汁倒入杯中即可。

小叮咛 猕猴桃被誉为“维C之王”，维生素C能加速脂肪的分解和燃烧。另外，猕猴桃中还含有丰富的果胶，果胶可以起到润滑肠道、排毒瘦身的作用。

烹饪时间 2 分钟；口味甜

猕猴桃白萝卜莴笋汁

原料 ○ 1 人份

去皮猕猴桃60克，去皮白萝卜80克，去皮莴笋50克

调料

蜂蜜20克

做法

❶ 洗净去皮的白萝卜切丁，洗净去皮的莴笋切丁。
❷ 洗净去皮的猕猴桃切丁，待用。
❸ 将莴笋丁和白萝卜丁倒入榨汁机中。
❹ 加入猕猴桃丁，倒入80毫升凉开水。
❺ 盖上盖，启动榨汁机，榨约15秒制成蔬果汁。
❻ 断电后将蔬果汁倒入杯中，淋入蜂蜜即可。

小叮咛 猕猴桃和莴笋中所含的丰富的膳食纤维，不仅能降低胆固醇，促进心脏健康，而且可以帮助消化，防止便秘。

烹饪时间 2 分钟；口味酸甜

柠檬豆芽汁

原料 ○ 1 人份

柠檬1个（60克），绿豆芽150克

调料

蜂蜜30克

做法

❶ 洗好的柠檬切瓣，去皮去核，切块。
❷ 沸水锅中倒入洗净的绿豆芽，烫至断生，捞出汆好的绿豆芽，沥干水分，装盘待用。
❸ 榨汁机中倒入汆好的绿豆芽，加入柠檬块，注入80毫升凉开水。
❹ 盖上盖，榨约20秒，制成蔬果汁。
❺ 揭开盖，将蔬果汁倒入杯中，淋入蜂蜜，搅匀即可饮用。

烹饪时间 3 分钟；口味甜

柠檬芹菜莴笋汁

原料 ○ 1 人份

芹菜50克，莴笋90克，柠檬70克

调料

蜂蜜15克

做法

❶ 芹菜切粒；洗净去皮的莴笋对半切开，切成丁；柠檬去皮，切成小块。
❷ 沸水锅中放入莴笋丁，煮半分钟，加入芹菜丁，煮至其熟软，捞出。
❸ 取榨汁机，选择搅拌刀座组合，倒入柠檬，再加入焯过水的食材。
❹ 注入适量水，盖上盖，选择“榨汁”功能，榨取蔬果汁；揭盖，加入蜂蜜。
❺ 盖上盖，再次选择“榨汁”功能，搅拌均匀；揭盖，将搅拌好的蔬果汁倒入杯中即可。

烹饪时间 2 分钟；口味甜

柠檬苹果莴笋汁

原料 ○ 1人份

柠檬70克，莴笋80克，苹果150克

调料

蜂蜜15克

做法

❶ 洗净的柠檬切成片；洗净去皮的莴笋对半切开，再切条，改切成丁。

❷ 洗好的苹果对半切开，切瓣，去核，再切小块。

❸ 取榨汁机，选择搅拌刀座组合，倒入切好的苹果、柠檬、莴笋，加入少许矿泉水。

❹ 盖上盖，选择“榨汁”功能，榨取蔬果汁；揭开盖，加入蜂蜜。

❺ 再盖上盖，继续搅拌片刻；揭开盖，将榨好的蔬果汁倒入碗中即可。

小叮咛 莴笋含有大量植物纤维素，植物纤维素可促进肠道内脂肪的排泄。制作蔬果汁时，莴笋切得小一些榨汁更方便，口感也更好。

烹饪时间 3 分钟；口味甜

番石榴木瓜汁

原料 ○ 1 人份

番石榴100克，木瓜200克

调料

蜂蜜30克

做法

❶ 洗净的番石榴去头尾，切块；洗好的木瓜去核去皮，切块，待用。

❷ 榨汁机中倒入木瓜块，放入番石榴块。

❸ 注入100毫升凉开水，盖上盖，榨约35秒，制成果汁。

❹ 揭开盖，将榨好的果汁倒入杯中。

❺ 淋上蜂蜜即可。

小叮咛 木瓜中含有多种酸类物质，对皮肤具有美白美容的作用；番石榴味道清甜，酸度适中，果心柔软细滑，口感佳，具有增进食欲、润肠通便的作用。

番石榴火龙果汁

烹饪时间2分钟；口味酸

原料 ○ 1人份

番石榴100克，火龙果130克，柠檬汁30毫升

做法

❶ 洗净的番石榴去头尾，切块；火龙果去皮，切块，待用。
❷ 榨汁机中倒入火龙果块和番石榴块。
❸ 加入柠檬汁，注入100毫升凉开水。
❹ 盖上盖，榨约25秒制成果汁。
❺ 断电后将榨好的果汁倒入杯中即可。

小叮咛 火龙果是一种低能量的水果，富含水溶性膳食纤维，具有减肥、预防便秘的作用，搭配番石榴和柠檬汁，酸甜可口，是需要减肥者的上好选择。

西红柿葡萄紫甘蓝汁

烹饪时间2分钟；口味清淡

原料 ○ 2人份

西红柿、紫甘蓝、葡萄各100克

做法

❶ 洗好的西红柿切瓣，切小块；洗净的紫甘蓝切条，再切成小块，备用。
❷ 锅中注入适量清水烧开，倒入紫甘蓝，搅拌匀，煮1分钟；将焯煮好的紫甘蓝捞出，沥干水分，备用。
❸ 取榨汁机，选择搅拌刀座组合，将西红柿倒入搅拌杯中。
❹ 加入葡萄、紫甘蓝，倒入适量纯净水，盖上盖，选用“榨汁”功能，榨出蔬果汁。
❺ 揭开盖，将榨好的蔬果汁倒入杯中即可。

小叮咛 紫甘蓝含有较多的花青素和膳食纤维，经常食用可以减缓衰老，加速新陈代谢，有助于排毒瘦身，比较适合肥胖者食用。

烹饪时间 2 分钟；口味酸甜

西红柿香蕉菠萝汁

原料 ○ 2人份

西红柿80克，香蕉70克，去皮菠萝65克

调料

蜂蜜20克

做法

❶ 香蕉剥去皮，切段；洗净的西红柿去蒂，切块；去皮的菠萝切块，待用。

❷ 取出榨汁杯，倒入香蕉段、菠萝块、西红柿块。倒入适量清水。

❸ 加盖，将榨汁杯安在榨汁机上，档位调至“1”，榨约30秒制成果汁。

❹ 取下榨汁机，将榨好的果汁倒入杯中，淋入蜂蜜即可。

小叮咛 菠萝中丰富的纤维素可以润肠通便，有利于代谢产物的排出，能有效控制体重，预防肥胖的发生。

烹饪时间 2 分钟；口味甜

西红柿酸杏汁

原料 ○ 1人份

西红柿100克，杏子50克

调料

白糖4克

做法

❶ 洗好的西红柿切开，再切小瓣，去除果皮。

❷ 洗净的杏子切开，再切小块，去除果皮，备用。

❸ 取榨汁机，选择搅拌刀座组合。

❹ 倒入备好的西红柿、杏子，加入白糖，注入适量清水。

❺ 盖好盖，选择“榨汁”功能，榨取蔬果汁。

❻ 断电后倒出蔬果汁，装入杯中即可。

烹饪时间 2 分钟；口味酸

包菜哈密瓜柠檬汁

原料 ○ 2人份

包菜100克，哈密瓜200克，柠檬30克

做法

❶ 洗净的包菜切小块；洗净的哈密瓜去皮，切块。

❷ 洗净的柠檬去皮去核，切块，待用。

❸ 榨汁机中倒入哈密瓜块和包菜块，放入柠檬块。

❹ 注入80毫升凉开水。

❺ 盖上盖，榨约20秒制成蔬果汁。

❻ 断电后揭开盖，将榨好的蔬果汁倒入杯中即可。

包菜木瓜柠檬汁

烹饪时间3分钟；口味酸

原料 ○ 2人份

包菜、青木瓜各150克，柠檬30克

做法

❶ 洗净的青木瓜去瓤去皮，切块；洗好的包菜切成小块；洗净的柠檬去皮去核，切块，待用。

❷ 榨汁机中倒入青木瓜块和包菜块。

❸ 放入柠檬块，注入100毫升凉开水。

❹ 盖上盖，榨约35秒制成蔬果汁。

❺ 揭开盖，将榨好的蔬果汁倒入杯中即可。

小叮咛 青木瓜中木瓜酵素的含量是成熟木瓜的2倍左右，其可促进脂肪分解，搭配膳食纤维丰富的包菜，瘦身减肥的效果更佳。

包菜无花果汁

烹饪时间2分钟；口味甜

原料 ○ 1人份

包菜80克，无花果30克，酸奶100毫升

调料

蜂蜜30克

做法

❶ 洗净的包菜切块，洗净的无花果切碎，待用。
❷ 榨汁机中倒入包菜块和无花果碎。
❸ 加入酸奶，注入70毫升凉开水。
❹ 盖上盖，榨约25秒制成蔬果汁。
❺ 揭开盖，将榨好的蔬果汁倒入杯中，淋上蜂蜜即可。

小叮咛 酸奶含有多种对人体有益的乳酸菌，能改善胃肠功能，促进脂肪的消化，缓解便秘，可以帮助肥胖人群减掉赘肉。

烹饪时间 3 分钟；口味酸

胡萝卜山竹柠檬汁

原料 ○ 1人份

山竹200克，去皮胡萝卜160克，柠檬50克

做法

1. 洗净的柠檬切成瓣，去皮；洗净去皮的胡萝卜切成块。
2. 山竹去柄，切开去皮，取出果肉，待用。
3. 备好榨汁机，倒入山竹、胡萝卜、柠檬，倒入适量的凉开水。
4. 盖上盖，调转旋钮至1档，榨取蔬果汁。
5. 打开盖，将榨好的蔬果汁倒入杯中即可。

小叮咛 胡萝卜含有丰富的纤维素，纤维素能促进人体新陈代谢，达到自然减重的目的。同时，胡萝卜还能抑制人体进食甜食和油腻食物的欲望。

烹饪时间 2 分钟；口味酸

胡萝卜葡萄柚汁

原料 ○ 1人份

去皮胡萝卜50克，葡萄柚100克，杏仁粉20克，柠檬汁20毫升

做法

1. 洗净去皮的胡萝卜切块；葡萄柚去皮取果肉，切块，待用。
2. 将胡萝卜块和葡萄柚块倒入榨汁机中。
3. 加入柠檬汁，倒入杏仁粉，注入100毫升凉开水。
4. 盖上盖，启动榨汁机，榨约20秒制成蔬果汁。
5. 断电后揭开盖，将蔬果汁倒入杯中即可。

小叮咛 本品酸甜可口，所用食材均具有减肥瘦身、促消化等功效。另外，经常饮用本品可预防呼吸系统疾病，尤其是在感冒、喉咙疼痛时饮用，可起到缓解作用。

烹饪时间 2 分钟；口味甜

白菜柳橙汁

原料 ○ 2 人份

白菜40克，柳橙250克

做法

1. 洗净的白菜切块；柳橙切开，去皮取果肉，切块，待用。
2. 将柳橙块和白菜块倒入榨汁机中。
3. 注入100毫升凉开水。
4. 盖上盖，启动榨汁机，榨约30秒制成蔬果汁。
5. 断电后将蔬果汁倒入杯中即可。

白菜含水量高，几乎不含脂肪，热量也很低。其所含的膳食纤维、果胶和维生素C可促进人体内脂肪的分解和代谢，是不可多得的减肥食材。

烹饪时间 3 分钟；口味甜

柳橙石榴汁

原料 ○ 2 人份

石榴160克，橙子150克，菠菜叶60克

调料

蜂蜜35克

做法

1. 橙子切成小瓣，去皮；石榴切开，取出石榴籽。
2. 锅中注水烧开，倒入菠菜叶，焯煮片刻，关火后捞出焯煮好的菠菜叶，沥干水分，装入盘中。
3. 取榨汁机，倒入石榴子、橙子肉、菠菜叶。
4. 注入适量清水，盖上盖子，选择“榨汁”功能，开始榨汁。
5. 待榨汁机运转约30秒，断电，将榨好的果汁倒入杯中，加入蜂蜜，拌匀即可。

小叮咛 石榴和橙子均富含维生素C，可促进脂肪的分解，搭配菠菜榨汁饮用，可增加饱腹感，减少热量的摄入，达到控制体重的效果。

牛蒡芹菜汁

烹饪时间2分钟；口味甜

原料 ○ 1人份

去皮牛蒡70克，芹菜100克

调料

蜂蜜20克

做法

1. 洗净去皮的牛蒡切块，洗好的芹菜切小段，待用。
2. 榨汁机中倒入牛蒡块和芹菜段。
3. 注入80毫升凉开水。
4. 盖上盖，榨约20秒制成蔬菜汁。
5. 揭开盖，将榨好的蔬菜汁倒入杯中，淋上蜂蜜即可。

牛蒡是一种保健食品，它的营养价值高，且热量较低；芹菜性凉味甘，具有清热、利尿、降压、减脂的功能，两者搭配榨汁，特别适合减肥者饮用。

Part 3

健美饮品，塑造完美曲线

丰满的胸部、纤细的腰肢、饱满的翘臀，一直受到人们的追捧。如何才能拥有完美傲人的身材曲线？爱美的你是不是很期待来一次 S 形身材的变身奇迹？跟着我们一起动手，从每天一杯豆浆、米糊、蔬果汁开始，悄然见证奇迹的发生吧。

科学塑身，乐享好身材

真正的好身材绝不仅仅是“瘦”这么简单，而是要消对脂肪、瘦对地方，要丰胸、束腰、提臀，让身体拥有凹凸有致的线条。掌握以下塑身小技巧，可以让自己的塑身之路更科学、更健康、更自然。

消对脂肪是塑身的关键

胸腹平坦，胳臂、大腿却很粗；纤纤细腿，却有“水桶”腰……这些人或许“瘦”，但仍然觉得美中不足，关键原因在于脂肪的分布不尽如人意。想要身材匀称，三围达到理想的尺寸，你需要选择恰当的运动、把握塑身的小窍门，消对脂肪才能拥有好身材。

远离不健康的食物

长期不健康的饮食，是塑身美体之大忌。比如油炸食品、腌制品、饼干类零食、碳酸饮料等食物，它们大多含有过多的防腐剂、香精、色素等对人体健康不利的物质，而且多为高热量或高盐食品，长期过量摄入，也会成为身体“走形”的“罪人”。因此，有塑身美体的需求者，应忌食这些食物。

塑身小技巧

❶高温瑜伽练出好曲线。高温瑜伽能让体内的毒素、多余的水分和脂肪排出来，起到丰胸、消脂和塑身的作用。练高温瑜珈时，室温应保持在42℃左右。为了达到塑身的效果，每次练习时间应为90分钟左右。

❷按压腹部拯救“水桶”腰。具体操作方法为：将两手的三根指头（食指、中指、无名指）并拢，由左向右依次按压肚脐正下方五指宽处的一点及其左右各一指宽的两点。每处按压5秒钟，每次按压以5分钟为宜。

❸ 简易运动“翘”出美臀。具体操作方法为：面向下俯卧，双手撑地，头部自然放松。缓缓吸气，抬高右脚，腿伸直，足尖下压，在最高处停留数秒，再吐气，慢慢放下。换脚练习。重复20次，每日练习1次。

黑豆银耳豆浆

烹饪时间16分钟；口味甜

原料 ○ 2人份

水发黑豆50克，水发银耳20克

调料

白糖适量

做法

1. 将黑豆倒入碗中，注入适量清水，搓洗干净，再倒入滤网中，沥干水分。
2. 将备好的黑豆、银耳倒入豆浆机中，注入适量清水，至水位线。
3. 盖上豆浆机机头，选择“五谷”程序，再选择“开始”键，开始打浆。
4. 待豆浆机运转约15分钟，即成豆浆。
5. 将豆浆机断电，取下机头；把煮好的豆浆倒入滤网中，滤取豆浆。
6. 将滤好的豆浆倒入碗中，加入少许白糖，搅拌均匀，至白糖溶化即可。

小叮咛 银耳具有润肠和胃、补气和血、排毒养颜等功效，常食还能帮助女性排出体内多余的毒素，是女性瘦身、美容的佳品。

烹饪时间 17 分钟；口味清淡

黑豆核桃豆浆

原料 ○ 2人份

核桃仁15克，水发黑豆45克

做法

1. 把洗好的核桃仁倒入豆浆机中，倒入洗净的黑豆。
2. 注入适量清水，至水位线即可。
3. 盖上豆浆机机头，启动豆浆机，开始打浆。
4. 待豆浆机运转约15分钟，即成豆浆；将豆浆机断电，取下机头。
5. 把煮好的黑豆核桃豆浆倒入滤网中，滤取豆浆。
6. 将滤好的豆浆倒入杯中即可。

烹饪时间 25 分钟；口味清淡

黑豆三香豆浆

原料 ○ 3人份

花生米30克，核桃仁、黑芝麻各20克，水发黑豆、水发黄豆各60克

做法

1. 取一碗，放入黄豆、黑豆、花生米、核桃仁、黑芝麻，加适量清水，用手搓洗干净，滤干水分。
2. 把洗好的材料倒入豆浆机中，注入适量清水，至水位线。
3. 盖上机头，启动豆浆机；待豆浆机运转约20分钟，即成豆浆。
4. 把煮好的黑豆三香豆浆倒入滤网中，滤取豆浆。
5. 将滤好的豆浆倒入杯中，用汤匙捞去浮沫即可。

烹饪时间 17 分钟；口味酸

山楂银耳豆浆

原料 ○ 3 人份

山楂20克，水发银耳50克，水发黄豆55克

做法

1. 洗好的山楂切去两端，去核，将果肉切成小块；银耳用手撕成小块。
2. 将黄豆倒入碗中，加入适量清水，搓洗干净，倒入滤网中，沥干水分。
3. 取豆浆机，倒入黄豆、山楂、银耳，注入适量清水至水位线；盖上机头，启动豆浆机。
4. 待豆浆机运转约15分钟，即成豆浆。
5. 将煮好的豆浆倒入滤网中，滤取豆浆；将滤好的豆浆倒入碗中，用汤匙撇去浮沫即可。

小叮咛 银耳中富含膳食纤维，可帮助胃肠蠕动，起到润肠通便、消脂减肥的作用。而山楂有健脾开胃、帮助消化、去脂减肥等功效。两者搭配，瘦身效果更佳。

山楂红豆豆浆

烹饪时间16分钟；口味酸

原料 ○ 3人份

山楂25克，水发红豆65克

做法

❶ 洗净的山楂切去两端，去核，将果肉切成小块。

❷ 将红豆倒入碗中，加入适量清水，搓洗干净，再倒入滤网中，沥干水分。

❸ 把山楂倒入豆浆机中，放入红豆，注入适量清水至水位线。

❹ 盖上豆浆机机头，选择“五谷”程序，再选择“开始”键，开始打浆。

❺ 待豆浆机运转约15分钟，即成豆浆；把煮好的豆浆倒入滤网中，滤取豆浆。

❻ 将滤好的豆浆倒入碗中，用汤匙撇去浮沫即可。

小叮咛 红豆即赤小豆，其性下行，能通小肠、利小便、消肿胀，搭配山楂制成豆浆饮用，有助于减少腹部脂肪堆积。

烹饪时间 22 分钟；口味甜

陈皮山楂豆浆

原料 ○ 2人份

黄豆40克，大米45克，陈皮7克，山楂8克

调料

冰糖适量

做法

1. 将黄豆倒入碗中，放入大米、陈皮、山楂，加入适量清水，用手搓洗干净，滤干水分。
2. 把洗好的材料倒入豆浆机中，注入适量清水至水位线。
3. 盖上豆浆机机头，启动豆浆机；待豆浆机运转约20分钟，即成豆浆。
4. 将煮好的豆浆倒入滤网中，滤取豆浆。
5. 把滤好的豆浆倒入碗中，加入冰糖，拌匀至其溶化，撇去浮沫即成。

小叮咛 山楂具有健脾开胃、消食、活血、化痰等功效；陈皮有理气健脾、燥湿化痰的作用。两者加入此饮品中不仅能消食化积，还能加速体内新陈代谢，促进毒素的排出。

烹饪时间 17 分钟；口味清淡

燕麦黑芝麻豆浆

原料 ○ 3人份

燕麦、黑芝麻各20克，
水发黄豆50克

做法

❶ 将燕麦、黄豆倒入碗中，加入适量清水，搓洗干净，倒入滤网中，沥干水分。

❷ 把黑芝麻倒入豆浆机中，再放入燕麦、黄豆，注入适量清水，至水位线。

❸ 盖上豆浆机机头，启动豆浆机，开始打浆；待豆浆机运转约15分钟，即成豆浆。

❹ 将豆浆机断电，取下机头，把煮好的豆浆倒入滤网中，滤取豆浆。

❺ 把滤好的豆浆倒入碗中，用汤匙捞去浮沫即可。

小叮咛 燕麦含有丰富的膳食纤维和 B 族维生素，能有效降低人体中的胆固醇，起到降糖、减肥的作用。搭配黑芝麻，还有祛斑养颜的功效。

燕麦苹果豆浆

烹饪时间22分钟；口味清淡

原料 ○ 2人份

水发燕麦25克，苹果35克，水发黄豆50克

做法

1. 洗净去皮的苹果去核，再切成小块，备用。
2. 将黄豆、燕麦倒入碗中，加入适量清水，搓洗干净，倒入滤网中，沥干水分。
3. 把苹果倒入豆浆机中，放入洗好的食材，注入适量清水，至水位线。
4. 盖上豆浆机机头，启动豆浆机，开始打浆。
5. 待豆浆机运转约20分钟即成豆浆；将煮好的豆浆倒入滤网中，滤取豆浆。
6. 将滤好的豆浆倒入碗中，用汤匙撇去浮沫即可。

小叮咛 苹果中含有的大量维生素、苹果酸，能促使积存于人体内的脂肪分解，预防肥胖。燕麦富含膳食纤维，可起到润肠通便的作用。因此，想要减肥的人群可常喝此饮品。

烹饪时间 16 分钟；口味清淡

青葱燕麦豆浆

原料 ○ 2 人份

水发黄豆55克，燕麦35克，葱段15克

做法

❶ 将黄豆倒入碗中，放入燕麦，加入清水，搓洗干净，滤干水分。

❷ 把葱段、燕麦、黄豆倒入豆浆机中，注入适量清水，至水位线。

❸ 盖上豆浆机机头，启动豆浆机，开始打浆。

❹ 待豆浆机运转约15分钟，即成豆浆。

❺ 将豆浆机断电，取下机头，把煮好的豆浆倒入滤网中，滤取豆浆。

❻ 将滤好的豆浆倒入杯中，待稍凉后即可饮用。

烹饪时间 17 分钟；口味清淡

芦笋豆浆

原料 ○ 3 人份

芦笋30克，水发黄豆50克

做法

❶ 洗净的芦笋切小段，备用。

❷ 将已浸泡8小时的黄豆倒入碗中，加入适量清水，用手搓洗干净，将洗好的黄豆倒入滤网中，沥干水分。

❸ 把洗好的黄豆和芦笋倒入豆浆机中，注入适量清水，至水位线即可。

❹ 盖上豆浆机机头，选择“五谷”程序，再选择“开始”键，开始打浆。

❺ 待豆浆机运转约15分钟，即成豆浆，将豆浆机断电，取下机头，把煮好的豆浆倒入滤网中，滤取豆浆。

❻ 倒入杯中，用汤匙撇去浮沫，待稍微放凉后即可饮用。

芦笋绿豆浆

烹饪时间16分钟；口味清淡

原料 ○ 2人份

芦笋20克，水发绿豆45克

做法

❶ 洗净的芦笋切小段，备用。
❷ 将绿豆倒入碗中，加入清水，搓洗干净，倒入滤网中，沥干水分。
❸ 取豆浆机，倒入绿豆、芦笋，注入适量清水，至水位线。
❹ 盖上豆浆机机头，启动豆浆机，开始打浆。
❺ 待豆浆机运转约15分钟，即成豆浆。
❻ 将豆浆机断电，取下机头，把煮好的豆浆倒入杯中即成。

小叮咛 芦笋应趁鲜食用，不宜久存。如果不能马上食用，可用报纸包好，置于冰箱冷藏室，大概可维持两天的新鲜度。

西芹芦笋豆浆

烹饪时间16分钟；口味清淡

原料 ○ 2人份

芦笋25克，西芹30克，水发黄豆45克

做法

1. 洗净的芦笋、西芹切小段，备用。
2. 将黄豆倒入碗中，加入适量清水，搓洗干净，滤干水分。
3. 把黄豆倒入豆浆机中，放入芦笋、西芹，注入适量清水，至水位线。
4. 盖上豆浆机机头，启动豆浆机；待豆浆机运转约15分钟，即成豆浆。
5. 把煮好的豆浆倒入滤网中，滤取豆浆。
6. 将滤好的豆浆倒入杯中，用汤匙撇去浮沫即成。

小叮咛 西芹富含膳食纤维，可减少粪便在肠道内的停留时间，帮助机体排出毒素；西芹中还富含铁元素，食之可避免皮肤苍白、干燥、面色无华。

烹饪时间 16 分钟；口味甜

枸杞葡萄干豆浆

原料 ○ 2 人份

枸杞、葡萄干各15克，花生米25克，水发银耳40克，莲子20克

调料

白糖适量

做法

❶ 洗净的银耳切去根部，再切成小块。

❷ 将银耳、花生米、葡萄干、莲子、枸杞倒入豆浆机中，注入适量清水，至水位线。

❸ 盖上豆浆机机头，启动豆浆机，开始打浆。

❹ 待豆浆机运转约15分钟，即成豆浆。

❺ 将豆浆机断电，取下机头，把煮好的豆浆倒入滤网中，滤取豆浆。

❻ 将滤好的豆浆倒入杯中，用汤匙撇去浮沫，加入适量白糖，拌匀至其溶化即可。

小叮咛 莲子最忌受潮受热，受潮容易虫蛀，受热则莲心的苦味会渗入莲肉。因此，莲子应存于阴凉干燥处，一旦受潮生虫，应立即日晒或火焙，待热气散尽、凉透后再收藏。

烹饪时间 16 分钟；口味清淡

枸杞蜜冰豆浆

原料 ○ 2 人份

水发黄豆45克，枸杞15克

调料

蜂蜜少许

做法

1. 将黄豆倒入碗中，加入适量清水，搓洗干净，倒入滤网中，沥干水分。
2. 把洗好的黄豆倒入豆浆机中，倒入枸杞，注入适量清水，至水位线。
3. 盖上豆浆机机头，启动豆浆机；待豆浆机运转约15分钟，即成豆浆。
4. 断电，取下机头，滤取豆浆。
5. 将滤好的豆浆倒入碗中，用汤匙捞去浮沫，倒入蜂蜜，拌匀后即可饮用。

小叮咛 黄豆营养十分丰富，但一次不宜食用过多。因为黄豆在消化吸收过程中易产生过多的气体而造成胀肚，尤其是消化功能不良、有慢性消化道疾病的人应尽量少食。

烹饪时间 16 分钟；口味清淡

杞枣双豆豆浆

原料 ○ 3 人份

红枣5克，枸杞8克，水发黄豆40克，水发绿豆30克

做法

❶ 将洗净的红枣切开，去核，切成小块，备用。

❷ 将绿豆倒入碗中，放入黄豆，注入适量清水，搓洗干净，滤干水分。

❸ 将绿豆、黄豆、红枣、枸杞倒入豆浆机中，注入适量清水。

❹ 盖上豆浆机机头，启动豆浆机。

❺ 待豆浆机运转约15分钟，即成豆浆；断电，取下机头。

❻ 把煮好的豆浆倒入滤网中，滤取豆浆；将滤好的豆浆倒入碗中即可。

烹饪时间 16 分钟；口味甜

山药青黄豆浆

原料 ○ 3 人份

山药块50克，豌豆30克，水发黄豆55克

调料

冰糖适量

做法

❶ 将豌豆倒入碗中，放入黄豆，加入适量清水，搓洗干净，滤干水分。

❷ 取豆浆机，倒入豌豆、黄豆、山药、冰糖，注入适量清水。

❸ 盖上豆浆机机头，启动豆浆机；待豆浆机运转约15分钟，即成豆浆。

❹ 将豆浆机断电，取下机头，把煮好的豆浆倒入滤网中，滤取豆浆。

❺ 将滤好的豆浆倒入碗中，用汤匙撇去浮沫即可。

山药薏米豆浆

烹饪时间16分钟；口味清淡

原料 ○ 2人份

山药50克，薏米15克，水发黄豆50克

做法

1. 洗净去皮的山药切成片，备用。
2. 将黄豆、薏米倒入碗中，注入适量清水，用手搓洗干净，倒入滤网中，沥干水分。
3. 将备好的黄豆、薏米、山药倒入豆浆机中，注入适量清水，至水位线。
4. 盖上豆浆机机头，启动豆浆机，开始打浆。
5. 待豆浆机运转约15分钟，即成豆浆。
6. 把煮好的豆浆倒入滤网中，滤取豆浆；将滤好的豆浆倒入杯中即可。

小叮咛 薏米具有健脾、补肺、清热、利湿等功效，常食能促进机体新陈代谢，使身体舒畅，起到减轻肠胃负担、排毒消脂、美白肌肤的作用。

烹饪时间16分钟；口味清淡

玫瑰花豆浆

原料 ○ 2人份

水发黄豆60克，玫瑰花3克

做法

❶ 将黄豆倒入碗中，加入适量清水，搓洗干净，倒入滤网中，沥干水分。

❷ 把玫瑰花、黄豆倒入豆浆机中，注入适量清水，至水位线。

❸ 盖上豆浆机机头，启动豆浆机；待豆浆机运转约15分钟，即成豆浆。

❹ 断电，取下机头，把煮好的豆浆倒入滤网中，用汤匙搅拌，滤取豆浆。

❺ 将豆浆倒入杯中，待稍微放凉后即可饮用。

小叮咛 玫瑰花具有柔肝醒胃、舒气活血、美容养颜等作用。搭配黄豆煮成豆浆，既是美容佳品又是减肥、降火的良药，一般人群均可饮用，特别适用于女性。

烹饪时间 16 分钟；口味清淡

玫瑰红豆豆浆

原料 ○ 2 人份

玫瑰花5克，水发红豆45克

做法

1. 把泡发洗净的红豆倒入豆浆机中，再放入洗好的玫瑰花。
2. 注入适量清水，至水位线。
3. 盖上豆浆机机头，启动豆浆机，开始打浆。
4. 待豆浆机运转约15分钟，即成豆浆；将豆浆机断电，取下机头。
5. 把煮好的豆浆倒入滤网中，滤取豆浆。
6. 将滤好的豆浆倒入碗中，用汤匙撇去浮沫即可。

小叮咛

红豆具有清热解毒、健脾益胃、利尿消肿、通气除烦等功效，常饮红豆豆浆可以让你的大腿和腰瘦下来，并保持明显的曲线。

木瓜豆浆

烹饪时间15分钟；口味清淡

原料 ○ 2人份

木瓜块30克，水发黄豆50克

做法

❶ 将黄豆倒入碗中，注入适量清水，搓洗干净，倒入滤网中，沥干水分。
❷ 将木瓜、黄豆倒入豆浆机中，注入适量清水至水位线。
❸ 盖上豆浆机机头，选择“五谷”程序，再选择“开始”键，开始打浆。
❹ 待豆浆机运转约15分钟，即成豆浆。
❺ 将豆浆机断电，取下机头，把煮好的豆浆倒入滤网中，滤取豆浆。
❻ 将滤好的豆浆倒入碗中即可。

小叮咛 木瓜含有木瓜酵素，可以帮助油脂的分解，减轻胃肠负担，减少脂肪堆积；其所含的凝乳酶，女性常食可丰胸美乳。搭配黄豆组成豆浆，是塑造完美曲线的良品。

烹饪时间 21 分钟；口味清淡

黑米红枣豆浆

原料 ○ 3 人份

水发黑米40克，水发黄豆50克，红枣20克

做法

1. 将黑米倒入碗中，再放入黄豆，加入清水，搓洗干净，倒入滤网中，沥干水分。
2. 洗净的红枣切开，去核，再切块。
3. 把红枣、黄豆、黑米倒入豆浆机中，注入适量清水，至水位线，盖上豆浆机机头。
4. 启动豆浆机，待豆浆机运转约20分钟，即成豆浆；把煮好的豆浆倒入滤网中，滤取豆浆。
5. 把滤好的豆浆倒入碗中，用汤匙捞去浮沫，待稍微放凉后即可饮用。

小叮咛 黄豆中含有不饱和脂肪酸，能分解体内的胆固醇，促进脂质代谢，使皮下脂肪不易堆积，更利于减肥。搭配黑米和红枣煮成豆浆，还能让正在减肥的人士脸色红润健康。

烹饪时间18分钟；口味清淡

黑米小米豆浆

原料 ○ 2人份

黑米、小米各20克，水发黄豆45克

做法

❶ 将黄豆倒入碗中，放入小米、黑米，加水搓洗干净，倒入滤网中，沥干水分。

❷ 把黄豆、黑米、小米倒入豆浆机中，注入适量清水，至水位线。

❸ 盖上豆浆机机头，启动豆浆机，开始打浆。

❹ 待豆浆机运转约15分钟，即成豆浆。

❺ 将豆浆机断电，取下机头，把煮好的豆浆倒入滤网中，滤取豆浆。

❻ 把滤好的豆浆倒入碗中，用汤匙捞去浮沫即可。

小叮咛 黑米中含有糖类、蛋白质、膳食纤维、B族维生素等营养素，营养较为全面，还能帮助塑身减肥，而且效果比较稳定，不易反弹。

烹饪时间 16 分钟；口味甜

黑米核桃豆浆

原料 ○ 1 人份

黑米40克，核桃15克

调料

冰糖10克

做法

❶ 将泡发好的黑米倒入碗中，注入适量清水，搓洗干净，倒入滤网中，沥干水分。

❷ 把黑米放入豆浆机中，倒入核桃和冰糖，加入适量清水，至水位线。

❸ 盖上豆浆机机头，启动豆浆机，开始打浆。

❹ 待豆浆机运转约15分钟，即成豆浆。

❺ 将豆浆机断电，取下机头，把煮好的豆浆倒入滤网中，滤取豆浆。

❻ 将滤好的豆浆倒入碗中即可。

烹饪时间 16 分钟；口味清淡

红豆豆浆

原料 ○ 3 人份

水发红豆100克

调料

白糖适量

做法

❶ 把红豆倒入碗中，加入清水，搓洗干净，倒入滤网中，沥干水分。

❷ 把洗好的红豆倒入豆浆机中，加入清水，至水位线。

❸ 盖上豆浆机机头，启动豆浆机；待豆浆机运转约15分钟，即成豆浆。

❹ 将豆浆机断电，取下机头，把榨好的豆浆倒入滤网中，滤取豆浆。

❺ 将煮好的豆浆倒入杯中，加入适量白糖，拌至溶化即可。

红豆桂圆豆浆

烹饪时间22分钟；口味清淡

原料 ○ 3人份

水发红豆120克，桂圆肉20克

做法

❶ 将红豆倒入碗中，注入适量清水，搓洗干净，沥干水分。
❷ 取豆浆机，倒入洗净的红豆、桂圆，注入适量清水，至水位线。
❸ 盖上豆浆机机头，启动豆浆机，开始打浆。
❹ 待豆浆机运转约20分钟，即成豆浆。
❺ 断电后取下豆浆机机头，把煮好的豆浆倒入滤网中，滤取豆浆。
❻ 将滤好的豆浆倒入碗中，待稍凉后即可饮用。

小叮咛 红豆含有丰富的膳食纤维，可起到润肠通便、降压降脂、调节血糖、健美减肥的作用。红豆煮成豆浆还有健脾胃、除水肿的作用。

百合红豆豆浆

烹饪时间17分钟；口味甜

原料 ○ 3人份

百合10克，水发红豆60克

调料

白糖适量

做法

1. 将红豆倒入碗中，加入适量清水，搓洗干净，倒入滤网中，沥干水分。
2. 将备好的百合、红豆倒入豆浆机中，注入适量清水，至水位线。
3. 盖上豆浆机机头，启动豆浆机，开始打浆。
4. 待豆浆机运转约15分钟，即成豆浆。
5. 将豆浆机断电，取下机头，把煮好的豆浆倒入滤网中，用汤匙搅拌，滤取豆浆。
6. 把滤好的豆浆倒入碗中，放入白糖，搅拌至其溶化即可。

小叮咛 常饮红豆豆浆能帮助去水肿，减少腹部赘肉的堆积。而百合有滋阴润肺、清心安神的功效，搭配红豆，还能有效改善睡眠质量。

烹饪时间16分钟；口味甜

百合红豆大米豆浆

原料 ○ 2人份

水发大米40克，水发红豆40克，百合25克

调料

冰糖适量

做法

❶ 把大米、红豆装入碗中，倒入适量清水，搓洗干净，倒入滤网中，沥干水分。

❷ 把红豆、大米、百合、冰糖倒入豆浆机中，注入适量清水，至水位线。

❸ 盖上豆浆机机头，启动豆浆机，开始打浆。

❹ 待豆浆机运转约15分钟，即成豆浆。

❺ 将豆浆机断电，取下机头，把煮好的豆浆倒入滤网中，滤取豆浆。

❻ 把滤好的豆浆倒入碗中即可。

小叮咛 本品具有降压降糖、养心安神、健脾养胃、利湿消肿等功效，适宜脾胃虚弱、面色萎黄、睡眠不佳的人群食用。常饮此豆浆，还有助于保持苗条的身材，避免肥胖。

烹饪时间 17 分钟；口味甜

百合莲子绿豆浆

原料 ○ 3 人份

水发绿豆60克，水发莲子、百合各20克

调料

白糖适量

做法

❶ 将绿豆倒入碗中，加入适量清水，搓洗干净，倒入滤网中，沥干水分。

❷ 将备好的绿豆、莲子、百合倒入豆浆机中，注入适量清水，至水位线。

❸ 盖上豆浆机机头，启动豆浆机；待豆浆机运转约15分钟，即成豆浆。

❹ 将豆浆机断电，取下机头，滤取豆浆。

❺ 把滤好的豆浆倒入碗中，放入白糖，搅拌至其溶化即可。

小叮咛 常饮本品不仅能够降低血液中的胆固醇，促进脂肪的分解，有助于减肥塑身，而且还能够清热除烦、润燥安神，对肥胖、水肿、睡眠不佳的人群尤其有益。

烹饪时间 16 分钟；口味甜

黑豆百合豆浆

原料 ○ 2 人份

鲜百合8克，水发黑豆50克

调料

冰糖适量

做法

❶ 将黑豆倒入碗中，注入适量清水，搓洗干净，倒入滤网中，沥干水分。
❷ 将洗好的百合、黑豆倒入豆浆机中，加入备好的冰糖，注入适量清水，至水位线。
❸ 盖上豆浆机机头，启动豆浆机，开始打浆。
❹ 待豆浆机运转约15分钟，即成豆浆。
❺ 将豆浆机断电，取下机头，把煮好的豆浆倒入滤网中，滤取豆浆。
❻ 将滤好的豆浆倒入杯中即可。

烹饪时间 8 分钟；口味甜

黑豆芝麻豆浆

原料 ○ 3 人份

水发黑豆110克，水发花生米100克，黑芝麻20克

调料

白糖20克

做法

❶ 取榨汁机，注入清水，放入黑豆，盖上盖子，将食材搅拌成细末状。
❷ 断电后倒出搅拌好的材料，用滤网滤取豆汁，装入碗中，待用。
❸ 取榨汁机，倒入黑芝麻、花生米、豆汁，搅拌至呈糊状，即成生豆浆。
❹ 汤锅置旺火上，倒入生豆浆，盖上盖，用大火煮约1分钟，至汁水沸腾。
❺ 揭盖，掠去浮沫，撒上白糖，搅拌匀，续煮至糖分完全溶化即可。

黑豆花生豆浆

烹饪时间21分钟；口味清淡

原料 ○ 2人份

花生仁25克，枸杞10克，水发黑豆50克

做法

❶ 把已浸泡8小时的黑豆放入豆浆机中，倒入花生仁，加入枸杞。

❷ 注入适量清水，至水位线。

❸ 盖上豆浆机机头，启动豆浆机；待豆浆机运转约20分钟，即成豆浆。

❹ 将豆浆机断电，取下机头。

❺ 把煮好的豆浆倒入滤网中，滤取豆浆。

❻ 将滤好的豆浆倒入碗中，用汤匙撇去浮沫即可。

小叮咛 黑豆浸泡时会掉色，这是正常现象。但如果只是洗了一下，就掉色或者泡的时候水色特别深，则有可能是假的或劣质黑豆，不宜食用。

烹饪时间16分钟；口味甜

绿豆豆浆

原料 ○ 3人份

水发绿豆100克

调料

白糖适量

做法

1. 将绿豆倒入大碗中，加入清水，搓洗干净，倒入滤网中，沥干水分。
2. 将绿豆倒入豆浆机中，加适量清水，至水位线。
3. 盖上豆浆机机头，启动豆浆机；待豆浆机运转约15分钟，即成豆浆。
4. 将豆浆机断电，取下机头，把煮好的豆浆倒入滤网中，滤取豆浆。
5. 将滤好的豆浆倒入碗中，加入适量白糖，搅拌均匀至白糖溶化即可。

小叮咛 绿豆含有蛋白质、胡萝卜素、B族维生素、叶酸、钙、磷、铁等营养成分，是排毒圣品，爱美减肥人士可常食，但体质虚寒的人不宜多食。

烹饪时间 16 分钟；口味清淡

绿豆薏米豆浆

原料 ○ 2 人份

水发绿豆60克，薏米少许

做法

❶ 将绿豆、薏米倒入碗中，注入适量清水，用手搓洗干净，倒入滤网中，沥干水分。

❷ 将洗净的食材倒入豆浆机中，注入适量清水，至水位线。

❸ 盖上豆浆机机头，启动豆浆机，开始打浆。

❹ 待豆浆机运转约15分钟，即成豆浆，将豆浆机断电。

❺ 把煮好的绿豆薏米豆浆倒入滤网中，滤取豆浆。

❻ 把滤好的豆浆倒入碗中即可。

烹饪时间 16 分钟；口味清淡

绿豆海带无花果豆浆

原料 ○ 2 人份

水发海带10克，无花果5克，水发绿豆50克

做法

❶ 将绿豆倒入碗中，注入适量清水，搓洗干净，滤干水分。

❷ 取豆浆机，倒入洗净的绿豆、海带、无花果，注入适量清水，至水位线。

❸ 盖上豆浆机机头，启动豆浆机，开始打浆。

❹ 待豆浆机运转约15分钟，即成豆浆，将豆浆机断电。

❺ 把煮好的豆浆倒入滤网中，滤取豆浆；将滤好的豆浆倒入杯中即可。

烹饪时间 7 分钟；口味清淡

紫米糊

原料 ○ 3人份

胡萝卜100克，粳米80克，紫米70克，核桃粉15克，枸杞5克

做法

❶ 取榨汁机，选干磨刀座组合，倒入粳米、紫米，细磨一会儿，制成米粉，放在盘中，待用。

❷ 将去皮洗净的胡萝卜切细丝，改切成小颗粒状。

❸ 汤锅中注水烧开，放入胡萝卜粒，盖上盖子，煮沸后用小火煮约3分钟，至胡萝卜熟软。

❹ 取下盖子，倒入米粉，搅拌匀，用大火煮沸。

❺ 再撒上洗净的枸杞，搅拌几下，用小火煮一会儿，即成米糊。

❻ 关火后盛出装碗，撒上核桃粉即可。

小叮咛 紫米味道甜而不腻，富含纤维素、维生素、铁、钙、锌、硒等成分，其独特的碱性品质能调节人体的酸碱平衡，对预防因减肥导致的营养不良、缺铁性贫血有良好的保健作用。

烹饪时间 25 分钟；口味甜

胡萝卜奶油糙米糊

原料 ○ 3人份

去皮胡萝卜350克，水发糙米350克，淡奶油15克

调料

蜂蜜15克

做法

1. 洗净的胡萝卜切粗条，改切成丁。
2. 备好豆浆机，取出机头，倒入切好的胡萝卜、泡好的糙米。
3. 注入适量清水至水位线，倒入蜂蜜。
4. 盖上豆浆机机头，按“选择”键，选择“米糊”，再按“启动”键，米糊开始煮制。
5. 断电后取出机头，将米糊盛入碗中，以画圈的方式浇上淡奶油即可。

本品中加入少许淡奶油，不仅能改善口感，还能促进胡萝卜中胡萝卜素的吸收利用。需要瘦身的人群食用本品，还可用酸奶或牛奶代替奶油。

南瓜小米糙米糊

烹饪时间36分钟；口味甜

原料 ○ 3人份

南瓜丁200克，水发小米160克，水发糙米140克

做法

❶ 取豆浆机，倒入备好的糙米、小米、南瓜丁，注入适量清水，至水位线。
❷ 盖上机头，选择“米糊”项目，再点击“启动”，开始运作。
❸ 待豆浆机运转约35分钟，煮成米糊。
❹ 断电后取下机头，倒出煮好的米糊，装在小碗中即可。

小叮咛 南瓜、小米、糙米中均含有较为丰富的纤维素，具有补中益气、健脾和胃的功效，制成米糊，营养功效不减，更易消化吸收。

芡实核桃糊

烹饪时间16分钟；口味甜

原料 ○ 1人份

红枣15克，芡实150克，核桃仁35克

调料

白糖适量

做法

❶ 洗净的红枣对半切开，去核。
❷ 取豆浆机，倒入备好的红枣、核桃仁、芡实。
❸ 注入适量清水，至水位线即可，加入白糖。
❹ 盖上豆浆机机头，选择“快速豆浆”，再选择“启动”键，开始打糊。
❺ 待豆浆机运转约15分钟，即成。
❻ 断电后打开豆浆机，取下机头，将打好的核桃糊倒入碗中即可。

小叮咛 芡实是“补而不峻”“防燥不腻”的佳品，用芡实煮粥或制成米糊食用，可起到健脾养胃的作用。

烹饪时间 1 分钟；口味甜

苹果橘子汁

原料 ○ 1人份

苹果100克，橘子肉65克

做法

1. 橘子肉切小块。
2. 洗净的苹果切开，取果肉，切小块，备用。
3. 取出榨汁机，选择搅拌刀座组合，倒入苹果、橘子肉。
4. 注入适量矿泉水。
5. 盖上盖，选择“榨汁”功能，榨取果汁。
6. 断电后揭开盖，倒出榨好的果汁，装入杯中即可饮用。

小叮咛 苹果中富含糖类、膳食纤维以及多种维生素和矿物质，既能减肥，又能帮助消化。苹果和橘子的香味还能提神醒脑，缓解不良情绪。

烹饪时间 3 分钟；口味甜

苹果樱桃汁

原料 ○ 2 人份

苹果130克，樱桃75克

做法

1. 洗净去皮的苹果切开，去核，把果肉切小块。
2. 洗好的樱桃去蒂，切开，去核，备用。
3. 取榨汁机，选择搅拌刀座组合，倒入备好的苹果、樱桃。
4. 注入少许矿泉水，盖好盖子。
5. 选择“榨汁”功能，榨取果汁。
6. 断电后揭开盖子，倒出榨好的苹果樱桃汁，装入杯中即可。

小叮咛 常喝此饮品，不仅能够帮助维持苗条的身材，而且还能改善睡眠质量，美白祛斑，补铁补血，延缓衰老，是不可多得的塑身美容佳品。

苹果蓝莓汁

烹饪时间1分钟；口味酸

原料 ○ 2人份

苹果200克，蓝莓70克，柠檬20克

做法

❶ 洗净的苹果去核，切片，改切成块状，待用。
❷ 备好榨汁机，倒入蓝莓、苹果块。
❸ 挤入柠檬汁，倒入适量凉开水。
❹ 盖上盖，调转旋钮至1档，榨取果汁。
❺ 打开盖，将榨好的果汁倒入杯中即可。

小叮咛 蓝莓表层的白霜是天然形成的蓝莓果粉，蓝莓品质越好，果粉就越多。另外，蓝莓热量低，与苹果、柠檬榨成果汁食用，不仅味道酸甜诱人，而且瘦腿效果非常好。

烹饪时间 3 分钟；口味甜

莴笋菠萝蜂蜜汁

原料 ○ 2 人份

菠萝肉180克，莴笋65克

调料

蜂蜜20克

做法

❶ 锅中注入适量清水，用大火烧开，放入洗净去皮的莴笋，煮约1分30秒。

❷ 捞出莴笋，沥干水分，放凉后切成小块。

❸ 把洗好的菠萝切成小块，备用。

❹ 取榨汁机，选择搅拌刀座组合，倒入切好的莴笋、菠萝肉。

❺ 加入蜂蜜，注入适量纯净水，盖上盖，选择“榨汁”功能，榨取蔬果汁。

❻ 断电后倒出榨好的蔬果汁，装入杯中即可。

小叮咛 菠萝中含有的菠萝蛋白酶能分解蛋白质，帮助消化，尤其是过食肉类及油腻食物之后，吃些菠萝更为适宜，可以预防脂肪沉积。搭配莴笋食用，还可起到清热利尿的作用。

烹饪时间 1 分钟；口味酸

莴笋哈密瓜汁

原料 ○ 2 人份

莴笋60克，哈密瓜120克，柠檬20克

做法

1. 处理好的莴笋切条，再切成小块。
2. 洗净的哈密瓜去皮，切成小块，待用。
3. 备好榨汁机，倒入切好的食材。
4. 挤入柠檬汁，倒入少许清水。
5. 盖上盖，调转旋钮至1档，榨取蔬果汁。
6. 打开盖，倒出榨好的蔬果汁，装入杯中即可。

小叮咛 莴笋含有膳食纤维、胡萝卜素等成分，具有利尿通便、消积下气、强健机体等功效。莴笋的含钾量也较高，有利于促进排尿，可预防因组织水肿造成的虚胖。

莴笋莲雾柠檬汁

烹饪时间1分钟；口味酸

原料 ○ 2人份

去皮莴笋70克，莲雾100克，柠檬汁40毫升

做法

❶ 洗净去皮的莴笋切块。
❷ 洗净的莲雾切块，待用。
❸ 取出榨汁机，倒入切好的莴笋块和莲雾块，加入柠檬汁。
❹ 注入适量凉开水，盖上盖，榨约20秒，即成蔬果汁。
❺ 揭开盖，将榨好的蔬果汁倒入杯中即可。

小叮咛 莲雾是一种热带水果，因其外形像一个挂着的铃铛，放在地上又像一个莲台，所以就称为莲雾。选购莲雾，可以从外形识别其成熟度，莲雾的底部张开越大表示越成熟。

烹饪时间 1 分钟；口味清淡

芹菜葡萄梨子汁

原料 ○ 3 人份

雪梨100克，芹菜60克，葡萄100克

做法

❶ 洗净的芹菜切成粒，备用。
❷ 洗净的葡萄切成小块。
❸ 洗好的雪梨去皮，去核，切成小块。
❹ 取榨汁机，选择搅拌刀座组合，倒入切好的食材，加入适量矿泉水。
❺ 盖上盖子，选择“榨汁”功能，榨取蔬果汁。
❻ 揭开盖子，将榨好的蔬果汁倒入杯中即可。

小叮咛 芹菜营养十分丰富，具有清热利尿、降血压、降血脂、镇静神经的功效。芹菜中还含有大量的膳食纤维，搭配雪梨、葡萄榨成蔬果汁饮用，还能减肥瘦身。

烹饪时间 3 分钟；口味清淡

芹菜白萝卜汁

原料 ○ 2 人份

芹菜45克，白萝卜200克

做法

1. 将洗净的芹菜切成碎末状。
2. 洗好去皮的白萝卜切片，再切成条，改切成丁，备用。
3. 取榨汁机，选择搅拌刀座组合，倒入切好的芹菜、胡萝卜。
4. 注入适量温开水，盖上盖，选择“榨汁”功能，榨取蔬菜汁。
5. 断电后倒出蔬菜汁，滤入碗中即可。

烹饪时间 1 分钟；口味清淡

芹菜胡萝卜人参果汁

原料 ○ 2 人份

芹菜50克，胡萝卜80克，人参果90克

做法

1. 将洗好的芹菜切成粒。
2. 洗净去皮的胡萝卜切成厚片，改切条，再切成丁。
3. 洗好的人参果切厚片，再切条，改切成丁。
4. 取榨汁机，选择搅拌刀座组合，将切好的食材放入杯中。
5. 倒入少许纯净水，盖上盖子，选择“榨汁”功能，榨取蔬果汁。
6. 取下盖子，将榨好的蔬果汁倒入杯中即可。

西红柿杏姜汁

烹饪时间1分钟；口味甜

原料 ○ 1人份

西红柿100克，杏仁粉30克，姜末10克

做法

❶ 洗净的西红柿切成瓣，去皮，切成小块，待用。
❷ 备好榨汁机，倒入西红柿块、杏仁粉。
❸ 倒入适量的凉开水。
❹ 盖上盖，调转旋钮至1档，榨取蔬果汁。
❺ 打开盖，将榨好的蔬果汁倒入杯中，再放入备好的姜末即可。

小叮咛 常食西红柿不仅能为人体补充多种维生素，而且还容易让人产生饱腹感，降低热量的摄取，减少体内脂肪的累积，将多余脂肪排出体外，是想要减肥人士的美体塑身佳品。

西红柿柚子汁

烹饪时间1分钟；口味甜

原料 ○1人份

柚子肉80克，西红柿60克

做法

1. 锅中注水烧开，放入西红柿，煮至其表皮裂开，捞出，沥干水分，放凉待用。
2. 将柚子肉去除果皮和果核，再把果肉掰成小块。
3. 把放凉的西红柿去除表皮，再切开果肉，改切成小块，备用。
4. 取来榨汁机，选择搅拌刀座组合，倒入备好的柚子、西红柿，注入适量矿泉水，盖好盖。
5. 通电后选择“榨汁”功能，搅拌一会儿，榨出蔬果汁。
6. 断电后将蔬果汁倒入玻璃杯中即成。

小叮咛 柚子中含有一种类似胰岛素的成分，能够降低血糖，搭配西红柿榨成果汁食用，能够帮助排出人体内多余的脂肪，尤其适宜肥胖的糖尿病患者食用。

烹饪时间 3 分钟；口味甜

西红柿芹菜莴笋汁

原料 ○ 3 人份

西红柿100克，莴笋150克，芹菜70克

调料

蜂蜜15克

做法

❶ 摘洗好的芹菜切成段，洗净去皮的莴笋切成丁，洗好的西红柿切成丁，备用。

❷ 锅中注水烧开，倒入莴笋丁，煮至沸，加入芹菜段，略煮片刻，捞出，沥干水分，待用。

❸ 取榨汁机，倒入切好的芹菜、西红柿、莴笋，加入适量纯净水，盖上盖，启动榨汁机。

❹ 待榨好汁后揭开盖，倒入备好的蜂蜜，再次启动榨汁机，搅拌均匀。

❺ 将搅拌匀的蔬菜汁倒入杯中即可。

小叮咛 莴笋中含有大量的膳食纤维，能促进肠壁蠕动，通利消化道，可用于治疗便秘，预防肥胖。莴笋中还含有丰富的碘，可清热利尿，水肿型肥胖人士可常食。

烹饪时间 3 分钟；口味清淡

山药冬瓜萝卜汁

原料 ○ 2 人份

苹果肉55克，山药50克，白萝卜75克，冬瓜65克

做法

❶ 将洗净去皮的冬瓜切小块，洗好去皮的白萝卜切块。

❷ 洗净去皮的山药切小块；苹果切开，去核，切小块。

❸ 锅中注入适量清水烧开，倒入切好的冬瓜、山药，拌匀，用大火煮2分钟，捞出食材，沥干水分。

❹ 取榨汁机，选择搅拌刀座组合，放入备好的白萝卜、苹果、冬瓜、山药。

❺ 注入适量温开水，盖上盖，选择“榨汁”功能，榨取蔬果汁。

❻ 断电后倒出榨好的蔬果汁即可。

小叮咛 本品具有清热生津、除烦润燥、利尿消肿的作用，非常适宜减肥人群食用，尤其对瘦大腿、减去腹部赘肉有帮助。

烹饪时间 2 分钟；口味清淡

山药苹果汁

原料 ○ 2 人份

苹果100克，去皮山药80克，生姜40克

做法

1. 洗净的苹果切开去核，切成小块。
2. 洗净去皮的山药切成条，再切丁。
3. 洗净去皮的生姜切成片。
4. 取榨汁杯，倒入苹果块、山药丁，再放入生姜片，注入适量清水。
5. 盖上盖，将榨汁杯安装在机座上，调转旋钮到1档，开始榨汁。
6. 揭开盖，将榨好的蔬果汁倒入杯中即可。

小叮咛 常饮此蔬菜汁能帮助清除肠道内的毒素，不仅具有软便的功效，而且能够增加肠道蠕动，促进排便，对防治便秘、肥胖均有较好的食疗功效。

烹饪时间 2 分钟；口味甜

蓝莓雪梨汁

原料 ○ 2 人份

蓝莓70克，雪梨150克

调料

蜂蜜10克

做法

❶ 洗净的雪梨去皮，切成瓣，去核，再切成小块，备用。

❷ 取榨汁机，选择搅拌刀座组合，倒入雪梨、洗净的蓝莓。

❸ 加入少许矿泉水，盖上盖，启动榨汁机，榨取果汁。

❹ 揭开盖，加入蜂蜜，再盖上盖，再次搅拌匀。

❺ 揭开盖，把榨好的蓝莓雪梨汁倒入杯中即可。

烹饪时间 1 分钟；口味清淡

蓝莓葡萄汁

原料 ○ 1 人份

葡萄30克，蓝莓20克

做法

❶ 取榨汁机，选择搅拌刀座组合。

❷ 倒入洗净的蓝莓、葡萄。

❸ 倒入适量纯净水。

❹ 盖上盖，选择“榨汁”功能，榨取果汁。

❺ 将榨好的果汁倒入滤网中，滤取出果汁。

❻ 将滤好的果汁倒入杯中即可。

烹饪时间2分钟；口味清淡

芦荟圆白菜汁

原料 ○ 2人份

白菜150克，芦荟30克，苹果150克

做法

1. 洗净的苹果切开去核，切成小块。
2. 摘洗好的白菜切成小块待用。
3. 洗净的芦荟切片，切成小块。
4. 取榨汁机，组装好搅拌刀座，倒入白菜、苹果、芦荟，注入适量的清水。
5. 盖上盖，选定“榨汁”功能开始榨汁，待榨好后，将蔬果汁倒入杯中即可。

小叮咛 芦荟的热量非常低，榨成汁饮用可以有效减轻身体的负担，帮助塑身排毒。而且常食芦荟还能促进血液循环，提高新陈代谢速度，并有改善体质的作用。

烹饪时间 2 分钟；口味甜

芦荟菠萝汁

原料 ○ 2 人份

菠萝肉120克，芦荟80克

调料

蜂蜜20克

做法

❶ 备好的菠萝肉切成块。

❷ 洗净的芦荟去皮，将肉取出，待用。

❸ 备好榨汁机，倒入菠萝块、芦荟，倒入适量的凉开水。

❹ 盖上盖，调转旋钮至1档，榨取芦荟菠萝汁。

❺ 打开盖，将榨好的芦荟菠萝汁倒入杯中，淋上备好的蜂蜜即可。

小叮咛 芦荟虽能减肥，但孕期和经期妇女应禁止食用。因为芦荟能扩张毛细血管，促进子宫收缩，孕妇服用可能引起子宫内壁充血，导致出血或流产。

陈皮苹果胡萝卜汁

烹饪时间1分钟；口味酸

原料 ○ 2人份

苹果90克，水发陈皮20克，去皮胡萝卜90克

做法

❶ 洗净去皮的胡萝卜切块。
❷ 洗净的苹果切瓣，去皮去核，切块。
❸ 泡发好的陈皮切条，待用。
❹ 取出榨汁机，倒入苹果块和胡萝卜块，加入陈皮条。
❺ 注入适量凉开水，盖上盖，榨约25秒，即成蔬果汁。
❻ 揭开盖，将榨好的蔬果汁倒入杯中即可。

小叮咛 此饮品具有开胃消食、降脂通便、促进新陈代谢等功效，适宜食欲不振、紧张疲劳的上班族饮用，是一款既补充营养又不会导致发胖的饮品。

紫苏苹果橙汁

烹饪时间1分钟；口味甜

原料 ○ 2人份

橙子60克，苹果170克，紫苏叶20克

调料

蜂蜜20克

做法

1. 洗净的橙子切成瓣，去皮。
2. 洗净的苹果切开去皮，切成块。
3. 砂锅中注水烧开，倒入紫苏叶，煮至汁水浓郁，将紫苏汁滤到碗中，待用。
4. 取榨汁杯，倒入橙子块、苹果块，再注入紫苏汁。
5. 盖上锅盖，按下“榨汁”键，榨取果汁。
6. 断电后取下榨汁杯，将果汁倒入杯中，淋入备好的蜂蜜，即可饮用。

小叮咛 本品可清热生津、提神醒脑、缓解疲劳，对食欲缺乏、烦热口渴的人群有益，还可以调理肠胃、通便利尿。

烹饪时间 1 分钟；口味酸

菠萝紫苏柠檬汁

原料 ○ 1人份

去皮菠萝100克，紫苏叶8片，柠檬30克

做法

❶ 洗净去皮的菠萝切块。
❷ 柠檬切瓣，去皮去核，切块。
❸ 洗净的紫苏叶切块，待用。
❹ 榨汁机中倒入菠萝块和紫苏叶，加入柠檬块。
❺ 注入80毫升凉开水，盖上盖，榨约20秒制成蔬果汁。
❻ 揭开盖，将蔬果汁过滤到杯中，搅拌匀即可。

小叮咛 此饮品具有健脾和胃、促进消化、清热除烦、通利小便、排毒瘦身等功效，可以缓解身热烦渴、消化不良、小便不利等症。

烹饪时间 1 分钟；口味酸甜

葡萄菠萝柠檬汁

原料 ○ 2 人份

葡萄80克，去皮菠萝90克，柠檬片30克

调料

蜂蜜20克

做法

❶ 洗净去皮的菠萝去芯，切块。

❷ 洗净的葡萄对半切开。

❸ 备好的柠檬片去皮，去核，待用。

❹ 取出榨汁机，倒入切好的菠萝块和葡萄，加入柠檬片。

❺ 注入适量的凉开水，盖上盖子，榨约25秒，即成果汁。

❻ 揭开盖，将榨好的果汁倒入杯中，淋入蜂蜜即可。

小叮咛 葡萄的保鲜时间很短，购买后应尽快食用完。若一时吃不完，剩余的葡萄可用塑料袋密封好，放入冰箱内，这样能保存 4 ~ 5 天。

芦笋葡萄柚汁

烹饪时间1分钟；口味酸

原料 ○ 2人份

芦笋2根，葡萄柚半个

做法

❶ 洗净的芦笋切小段。
❷ 葡萄柚切瓣，去皮，再切块，待用。
❸ 将切好的葡萄柚和芦笋倒入榨汁机中。
❹ 倒入适量凉开水，盖上盖，启动榨汁机，榨成蔬果汁。
❺ 断电后揭开盖，将蔬果汁倒入杯中即可。

小叮咛 葡萄柚中含有丰富的维生素C、维生素P以及可溶性纤维素，有助于皮肤的美容和保健，增强机体的解毒功能；且其富含果胶，含糖分较少，减肥塑身少不了它。

芦笋青苹果汁

烹饪时间1分钟；口味酸

原料 ○ 1人份

青苹果80克，芦笋50克

做法

❶ 洗净的芦笋去皮，切成丁。
❷ 洗净的青苹果去核，切成小块，待用。
❸ 备好榨汁机，倒入切好的食材。
❹ 倒入适量凉开水，盖上盖，调转旋钮至1档，榨取蔬果汁。
❺ 打开盖，将榨好的蔬果汁倒入杯中即可。

小叮咛 青苹果含有维生素、纤维素、果酸、苹果酸等成分，具有排毒瘦身、润肺除烦、健脾益胃等功效。而芦笋有鲜美芳香的风味，能增进食欲，帮助消化。

烹饪时间 2 分钟；口味酸甜

葡萄苹果汁

原料 ○ 3人份

葡萄、苹果各100克，柠檬70克

调料

蜂蜜20克

做法

1. 将洗好的苹果切瓣，去核，再切成小块。
2. 取榨汁机，选搅拌刀座组合，倒入切好的苹果。
3. 倒入洗净的葡萄，倒入适量矿泉水。
4. 盖上盖，选择“榨汁”功能，榨取葡萄苹果汁。
5. 揭盖，倒入蜂蜜；盖上盖，选择“榨汁”功能，继续搅拌一会儿。
6. 揭盖，把榨好的果汁倒入杯中，挤入几滴柠檬汁即可。

小叮咛 葡萄含有钙、钾、磷、铁、果糖、蛋白质、酒石酸和多种维生素，营养十分丰富。且其所富含的钾元素有利于钠盐的排出，能起到利水消肿、健身排毒的作用。

烹饪时间 1 分钟；口味甜

蜂蜜葡萄柚汁

原料 ○ 3 人份

葡萄柚300克

调料

蜂蜜少许

做法

❶ 将葡萄柚掰开，切去膜，取出果肉，备用。

❷ 取出榨汁机，选择搅拌刀座组合，倒入葡萄柚、蜂蜜。

❸ 注入适量纯净水。

❹ 盖上盖，选择“榨汁”功能，榨约30秒，即成葡萄柚汁。

❺ 将榨好的果汁滤入杯中即可。

小叮咛 葡萄柚含有钾和天然果胶，能清热利尿、润肤减肥；蜂蜜也是润肠排毒佳品。常饮此汁，能帮助排出体内毒素，消除腿部和腹部多余的赘肉，达到塑身美体的效果。

烹饪时间 2 分钟；口味甜

蜂蜜葡萄莲藕汁

原料 ○ 3人份

莲藕200克，葡萄120克

调料

蜂蜜少许

做法

❶ 从洗好的葡萄串上摘取果实，待用。

❷ 去皮洗净的莲藕切开，再切块，备用。

❸ 取榨汁机，选择搅拌刀座组合，倒入藕块，放入备好的葡萄。

❹ 注入适量凉开水，盖好盖子，选择“榨汁”功能，榨约半分钟。

❺ 断电后将榨好的莲藕汁滤入杯中，加入少许蜂蜜，拌匀即可。

小叮咛 莲藕具有健脾开胃、补虚养血等功效，蜂蜜能润肠排毒，葡萄有利水消肿、补气血的功效。三者搭配，不仅能很好地清理肠道，保护肠胃，还能消脂减肥、清热降火，对健康有益。

Part 4

排毒饮品，排尽毒素一身轻

便秘、痤疮、色斑、肤色暗沉、肥胖……这些都是毒素入侵身体的信号。排除毒素，恢复身体的轻盈与肌肤的光洁，日常饮食就可以做到。每天花上10分钟，给自己做一杯健康饮品，就能排尽毒素一身轻。

排出毒素一身"轻"

毒素有损人体的健康与美丽，它们堆积在体内，不仅毁肌肤于无形，使肌肤暗沉、粗糙、油腻、长色斑，还易造成便秘，使人肥胖。想要拥有红润的肌肤、纤美的身材，排除体内毒素很关键。

毒素是脂肪堆积的原因之一

人体内毒素一旦沉积，会阻滞气的运行，使气血不畅。同时，毒素滞留在体内，易生内火，表现为大便干结、便秘，进而代谢失衡。体内的废物不能及时被排出，累积的油脂便会转化为多余的脂肪，肥胖便随之发生。

拒绝"毒"从口入

给身体清毒最有效的方式是减少毒素的摄入，即养成良好的生活习惯，严格把关每日摄入的食物。平时多吃新鲜现做的食物，坚持用蒸、煮、炖、榨汁等健康的烹制方式。将全新、健康的饮食理念和生活态度持之以恒，毒素自然"无可乘之机"。

排毒小技巧

❶ 摄入富含膳食纤维的食物。膳食纤维可缠绕一部分废物、毒素，使之排出体外，减少毒素在体内的堆积。同时，摄入较多的纤维素还可促进排便，加快新陈代谢。尤其对体内毒素堆积、虚胖的人群有益。

❷ 科学饮水。晨起时喝一杯淡盐水，既能洗涤肠胃，又可使体内堆积的废物和毒素随宿便排出。养成多喝水的习惯，一天 8 杯水让机体循环系统充分活跃，加快新陈代谢。

❸ 运动排毒。适当运动，让身体出出汗，不仅能使毒素随汗液排出，还能促进脂肪燃烧，刺激淋巴系统排毒。运动前喝一杯淡盐开水，可增加运动时的出汗量。

❹ 享受 SPA。SPA 能让人处于深度放松状态，促进淋巴循环，代谢体内多余的脂肪及废物，改善中枢神经的调节功能，提高肝脏的解毒能力，起到美容、养生、塑身、减肥的作用。

燕麦紫薯豆浆

烹饪时间17分钟；口味甜

原料 ○ 2人份

紫薯35克，燕麦片15克，水发黄豆40克

调料

冰糖适量

做法

1. 洗净去皮的紫薯切成厚片，再切粗条，改切成小块，备用。
2. 黄豆倒入碗中，注入清水，搓洗干净，倒入滤网中，沥干水分。
3. 把燕麦片、黄豆、紫薯、冰糖倒入豆浆机中，注入适量清水，至水位线即可。
4. 盖上豆浆机机头，选择“五谷”程序，再选择“开始”键，开始打浆。
5. 待豆浆机运转约15分钟，即成豆浆。
6. 将豆浆机断电，取下机头，把豆浆过滤后倒入碗中，撇去浮沫即可。

小叮咛 紫薯纤维素含量高，可促进肠胃蠕动，清理肠腔内滞留的黏液、积气和腐败物，排出有毒物质和致癌物质，防止胃肠道疾病的发生。

燕麦芝麻豆浆

烹饪时间22分钟；口味清淡

原料 ○ 2人份

燕麦、黑芝麻各30克，水发黄豆55克

做法

❶ 将燕麦倒入碗中，放入黄豆，加入清水，搓洗干净，倒入滤网中，沥干水分。
❷ 把洗好的材料倒入豆浆机中，放入黑芝麻，注入适量清水，至水位线即可。
❸ 盖上豆浆机机头，选择“五谷”程序，再选择“开始”键，开始打浆。
❹ 待豆浆机运转约20分钟，即成豆浆。
❺ 将豆浆机断电，取下机头，把煮好的豆浆倒入滤网中，滤取豆浆。
❻ 倒入杯中，待稍微放凉后即可饮用。

小叮咛 黑芝麻含有的多种人体必需氨基酸，在维生素E、维生素B_1的参与下，能加速人体的新陈代谢，使皮肤更细腻光滑。制作时，加入适量冰糖可使成品的口感更香醇。

烹饪时间22分钟；口味清淡

燕麦小米豆浆

原料 ○ 2人份

燕麦、小米各30克，水发黄豆50克

做法

1. 黄豆倒入碗中，加入小米、燕麦，倒入清水，搓洗干净，倒入滤网中，沥干水分。
2. 把洗好的材料倒入豆浆机中，注入适量清水，至水位线即可。
3. 盖上豆浆机机头，选择“五谷”程序，再选择“开始”键，开始打浆。
4. 待豆浆机运转约20分钟，即成豆浆。
5. 将豆浆机断电，取下机头，把豆浆过滤后倒入碗中，撇去浮沫即可。

小叮咛 小米中的纤维素不含麸质，不会刺激肠壁，是属于比较温和的纤维质，容易被消化，搭配燕麦、黄豆制作豆浆，可以起到润肠通便的功效。

烹饪时间 17 分钟；口味甜

百合豆浆

原料 ○ 3 人份

百合8克，水发黄豆70克

调料

白糖适量

做法

1. 黄豆倒入碗中，加入清水，搓洗干净，倒入滤网中，沥干水分。
2. 将洗好的黄豆、百合倒入豆浆机中，注入适量清水，至水位线即可。
3. 盖上豆浆机机头，选择“五谷”程序，再选择“开始”键，开始打浆。
4. 待豆浆机运转约15分钟，即成豆浆。
5. 将豆浆机断电，把煮好的豆浆倒入滤网中，用汤匙搅拌，滤取豆浆。
6. 将豆浆倒入杯中，放入白糖，搅拌均匀至其溶化即可。

烹饪时间 17 分钟；口味甜

百合莲子银耳豆浆

原料 ○ 2 人份

水发绿豆50克，水发银耳30克，水发莲子20克，百合6克

调料

白糖适量

做法

1. 将绿豆搓洗干净，倒入滤网中，沥干水分；银耳掐去根部，撕成小块。
2. 把莲子、绿豆、银耳、百合倒入豆浆机中，注入清水，至水位线即可。
3. 盖上豆浆机机头，选择“五谷”程序，再选择“开始”键，开始打浆。
4. 待豆浆机运转约15分钟，即成豆浆。
5. 把煮好的豆浆倒入滤网中，用汤匙搅拌，滤取豆浆；把豆浆倒入碗中，放入白糖，搅拌匀至其溶化即可。

百合马蹄梨豆浆

烹饪时间22分钟；口味甜

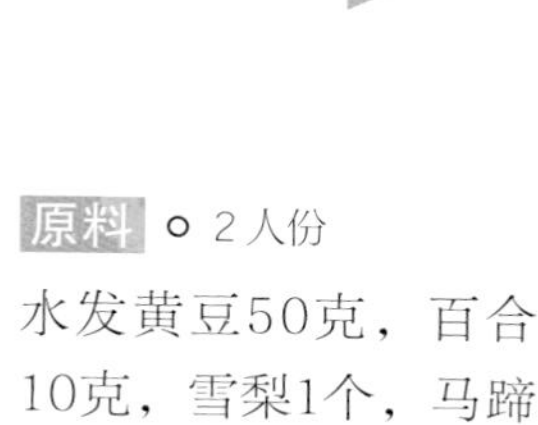

原料 ○ 2人份

水发黄豆50克，百合10克，雪梨1个，马蹄20克

调料

白糖适量

做法

❶ 洗净去皮的马蹄切小块；洗好的雪梨切开，去核，去皮，再切小块。
❷ 黄豆装入碗中，注入清水，搓洗干净，倒入滤网中，沥干水分。
❸ 将所有的材料倒入豆浆机中，注入适量清水，至水位线即可。
❹ 盖上豆浆机机头，选择“五谷”程序，再选择“开始”键，开始打浆，待豆浆机运转约20分钟，即成豆浆。
❺ 将豆浆机断电，取下机头，把煮好的豆浆倒入滤网中，滤取豆浆。
❻ 把豆浆倒入碗中，撒上适量白糖，搅拌匀，待稍微放凉后即可饮用。

小叮咛 雪梨具有清热祛火、生津润燥、滋阴润肺等功效，多吃梨可改善呼吸系统和肺的功能，保护肺部免受空气中灰尘和烟尘的影响，有利于肺部的健康。

小麦玉米豆浆

烹饪时间22分钟；口味清淡

原料 ○ 2人份

水发黄豆40克，水发小麦20克，玉米粒15克

做法

❶ 将小麦、黄豆倒入碗中，注入清水，搓洗干净，倒入滤网中，沥干水分。
❷ 将洗净的食材倒入豆浆机中，再加入玉米粒，注入清水至水位线。
❸ 盖上豆浆机机头，选择“五谷”程序，再选择“开始”键，开始打浆。
❹ 待豆浆机运转约20分钟，即成豆浆。
❺ 将豆浆机断电，取下机头，把煮好的豆浆倒入滤网中，滤取豆浆。
❻ 将滤好的豆浆倒入杯中即可。

小麦有养心安神、除烦的作用，其富含纤维素，有利于排出体内毒素，改善皮肤暗沉的状况。食用全麦还可降低血液循环中的雌激素含量，对女性防治乳腺癌有益。

烹饪时间 17 分钟；口味清淡

玉米豆浆

原料 ○ 2 人份

玉米粒45克，水发黄豆55克

做法

❶ 黄豆用清水搓洗干净，倒入滤网中，沥干水分。

❷ 将黄豆倒入豆浆机中，加入洗净的玉米粒，注入适量清水，至水位线即可。

❸ 盖上豆浆机机头，选择“五谷”程序，再选择“开始”键，开始打浆。

❹ 待豆浆机运转约15分钟，即成豆浆。

❺ 将豆浆机断电，取下机头，把煮好的豆浆倒入滤网中，滤取豆浆，将豆浆倒入杯中，用汤匙撇去浮沫即可。

小叮咛 玉米含有丰富的镁元素，可以维护胃肠道健康，帮助身体排出废物和毒素，起到消脂瘦身的作用。另外，玉米胚芽营养价值较高，剥玉米粒时应尽量保留。

烹饪时间 17 分钟；口味清淡

玉米苹果豆浆

原料 ○ 2人份

玉米粒20克，苹果45克，水发黄豆60克

做法

❶ 洗净的苹果切开，去核，把果肉切成小块。
❷ 将黄豆搓洗干净，倒入滤网中，沥干水分。
❸ 把黄豆倒入豆浆机中，加入玉米粒、苹果，注入适量清水，至水位线。
❹ 盖上豆浆机机头，选择“五谷”程序，再选择“开始”键，开始打浆。
❺ 待豆浆机运转约15分钟，即成豆浆。
❻ 将豆浆机断电，取下机头，把豆浆倒入滤网中，滤取豆浆，倒入碗中，撇去浮沫即可。

小叮咛 苹果释放出的乙烯有催熟其他水果的作用，如果将未成熟的猕猴桃放入装有苹果的塑料袋中，能够加快猕猴桃的成熟。

烹饪时间 22 分钟；口味清淡

玉米红豆豆浆

原料 ○ 3 人份

玉米粒30克，水发黄豆50克，水发红豆40克

做法

❶ 将已浸泡8小时的黄豆和已浸泡6小时的红豆搓洗干净，倒入滤网中，沥干水分。

❷ 把洗好的材料倒入豆浆机中，放入洗净的玉米粒，注入适量清水，至水位线即可。

❸ 盖上豆浆机机头，选择“五谷”程序，再选择“开始”键，开始打浆。

❹ 待豆浆机运转约20分钟，即成豆浆。

❺ 将豆浆机断电，取下机头，把煮好的豆浆倒入滤网中，滤取豆浆，倒入杯中，撇去浮沫即可。

小叮咛 红豆含有较多的皂角苷，有良好的利尿作用，且可以解酒、解毒、消水肿，对常抽烟、喝酒的人士及水肿者有益。

红薯豆浆

烹饪时间17分钟；口味甜

原料 ○ 2人份

红薯块、水发黄豆各50克

调料

白糖适量

做法

1. 黄豆倒入碗中，注入清水，搓洗干净，倒入滤网中，沥干水分。
2. 将备好的红薯、黄豆倒入豆浆机中，注入适量清水，至水位线。
3. 盖上豆浆机机头，选择“五谷”程序，再选择“开始”键，开始打浆。
4. 待豆浆机运转约15分钟，即成豆浆。
5. 将豆浆机断电，取下机头，把煮好的豆浆倒入滤网中，滤取豆浆。
6. 将滤好的豆浆倒入杯中，加入少许白糖，搅拌均匀，至白糖溶化即可。

小叮咛 红薯含有的大量膳食纤维，在肠道内不易被消化吸收，能刺激肠道蠕动，排出体内粪便和毒素，尤其对便秘有较好的疗效。

烹饪时间 22 分钟；口味甜

红薯山药豆浆

原料 ○ 1人份

红薯、山药、小麦各30克，水发黄豆50克

做法

❶ 洗净去皮的红薯切块，洗好去皮的山药切块。

❷ 将已浸泡8小时的黄豆倒入碗中，放入小麦，注入清水，搓洗干净，倒入滤网中，沥干水分。

❸ 将山药、红薯、黄豆、小麦倒入豆浆机中，注入适量清水，至水位线即可。

❹ 盖上豆浆机机头，选择“五谷”程序，再选择“开始”键，开始打浆，待豆浆机运转20分钟。

❺ 将豆浆机断电，取下机头，把煮好的豆浆倒入滤网中，滤取豆浆，将滤好的豆浆倒入碗中即可。

小叮咛 山药在剥皮之后，表面的黏液使其变得很滑，可以在双手上涂些盐和醋，再拿山药的时候就不会手滑了，也不会影响山药的口感。

烹饪时间 17 分钟；口味甜

红薯芝麻豆浆

原料 ○ 2 人份

水发黄豆40克，红薯块30克，黑芝麻5克

调料

白糖适量

做法

1. 将黄豆搓洗干净，倒入滤网中，沥干水分。
2. 将备好的黄豆、黑芝麻、红薯倒入豆浆机中，注入适量清水，至水位线即可。
3. 盖上豆浆机机头，选择“五谷”程序，再选择“开始”键，开始打浆。
4. 待豆浆机运转约15分钟，即成豆浆。
5. 把煮好的豆浆倒入滤网中，滤取豆浆。
6. 将豆浆倒入杯中，加入少许白糖，搅拌均匀，至白糖溶化即可。

小叮咛 红薯不仅富含膳食纤维，能预防便秘，其热量也较低，适合减肥的人群食用。另外，红薯中含有的营养物质，对保护人体皮肤、延缓衰老也有一定的作用。

南瓜豆浆

烹饪时间17分钟；口味清淡

原料 ○ 2人份

南瓜块30克，水发黄豆50克

做法

❶ 黄豆倒入碗中，注入清水，搓洗干净，倒入滤网中，沥干水分。
❷ 将南瓜块、黄豆倒入豆浆机中，注入适量清水，至水位线即可。
❸ 盖上豆浆机机头，选择“五谷”程序，再选择“开始”键，开始打浆。
❹ 待豆浆机运转约15分钟，即成豆浆。
❺ 将豆浆机断电，取下机头，把煮好的豆浆倒入滤网中，滤取豆浆。
❻ 将滤好的豆浆倒入碗中即可。

小叮咛 南瓜能促进胆汁的分泌，加强胃肠蠕动，帮助食物消化。常吃南瓜，可保持大便通畅、促进排毒，进而使肌肤白嫩，起到美容的作用。

南瓜红枣豆浆

烹饪时间17分钟；口味清淡

原料 ○ 3人份

南瓜60克，红枣15克，水发黄豆65克

做法

1. 洗净去皮的南瓜切成块；洗好的红枣切开，去核，再切成小块。
2. 把红枣放入豆浆机中，倒入南瓜块、洗净的黄豆，注入清水至水位线。
3. 盖上豆浆机机头，选择“五谷”程序，再选择“开始”键，开始打浆。
4. 待豆浆机运转约15分钟，即成豆浆。
5. 将豆浆机断电，取下机头，把煮好的豆浆过滤后倒入碗中，用汤匙捞去浮沫即可。

小叮咛 红枣去核后再打浆，一方面可以使成品的口感更好，另一方面能降低枣核对豆浆机的磨损。同时，打浆前要将南瓜的瓜瓤刮除干净，以减少豆浆的杂质。

烹饪时间 22 分钟；口味甜

南瓜枸杞燕麦豆浆

原料 ○ 2人份

南瓜80克，枸杞15克，水发黄豆45克，燕麦40克

调料

冰糖适量

做法

1. 洗净去皮的的南瓜切块。
2. 黄豆、燕麦搓洗干净，倒入滤网中，沥干水分。
3. 把洗好的食材倒入豆浆机中，放入南瓜、枸杞，加入适量冰糖，注入清水至水位线。
4. 盖上豆浆机机头，选择“五谷”程序，再选择“开始”键，开始打浆。
5. 待豆浆机运转约20分钟，即成豆浆。
6. 将豆浆机断电，把煮好的豆浆倒入滤网中，滤取豆浆，倒入碗中，用汤匙捞去浮沫即可。

小叮咛 燕麦含有维生素 B_1、叶酸、粗纤维、镁、磷、钾、铁、锌等营养成分，与南瓜、黄豆、枸杞搭配制成豆浆，有利于加速体内毒素的排出。

烹饪时间 17 分钟；口味清淡

木耳黑豆浆

原料 ○ 2 人份

水发木耳8克，水发黑豆50克

做法

1. 黑豆倒入碗中，注入适量清水，用手搓洗干净，倒入滤网中，沥干水分。
2. 将洗好的黑豆、木耳倒入豆浆机中，注入适量清水，至水位线即可。
3. 盖上豆浆机机头，选择“五谷”程序，再选择“开始”键，开始打浆。
4. 待豆浆机运转约15分钟，即成豆浆。
5. 将豆浆机断电，取下机头，把豆浆倒入滤网中，滤取豆浆，倒入杯中即可。

小叮咛　黑木耳可以把残留在人体消化系统内的灰尘、杂质吸附集中起来排出体外，起到清胃涤肠的作用，同时其对胆结石、肾结石等也有一定的化解功能。

烹饪时间 22 分钟；口味清淡

木耳黑米豆浆

原料 ○ 2 人份

水发木耳8克，水发黄豆50克，水发黑米30克

做法

1. 将已浸泡好的黄豆、黑米搓洗干净，倒入滤网中，沥干水分。
2. 将木耳、黄豆、黑米倒入豆浆机中，注入适量清水至水位线。
3. 盖上豆浆机机头，选择“五谷”程序，再选择“开始”键，开始打浆；待豆浆机运转约20分钟，即成豆浆。
4. 将豆浆机断电，取下机头，把打好的豆浆倒入滤网中，滤取豆浆，再倒入杯中即可。

烹饪时间 17 分钟；口味甜

木耳胡萝卜豆浆

原料 ○ 2 人份

胡萝卜60克，水发黑木耳30克，水发黄豆45克

调料

蜂蜜少许

做法

1. 洗净的胡萝卜切滚刀块，备用。
2. 把胡萝卜倒入豆浆机中，放入洗净的黄豆、黑木耳，注入适量清水，至水位线即可。
3. 盖上豆浆机机头，选择“五谷”程序，再选择“开始”键，开始打浆；待豆浆机运转约15分钟，即成豆浆。
4. 把豆浆倒入滤网中，再倒入杯中，撇去浮沫，加入蜂蜜即可。

黑芝麻黑豆浆

烹饪时间17分钟；口味清淡

原料 ○ 2人份

黑芝麻30克，水发黑豆45克

做法

❶ 把黑芝麻倒入豆浆机中，加入黑豆，注入适量清水，至水位线即可。
❷ 盖上豆浆机机头，选择“五谷”程序，再选择“开始”键，开始打浆。
❸ 待豆浆机运转约15分钟，即成豆浆。
❹ 将豆浆机断电，取下机头，把煮好的豆浆倒入滤网中，滤取豆浆。
❺ 倒入碗中，用汤匙撇去浮沫即可。

小叮咛 黑豆宜存放在密封罐中，置于阴凉处保存，不要让阳光直射。还需注意的是，豆类食品容易生虫，购回后最好尽早食用。

烹饪时间 22 分钟；口味清淡

黑芝麻黑枣豆浆

原料 ○ 2 人份

黑枣8克，黑芝麻10克，
水发黑豆50克

做法

1. 将洗净的黑枣切开，去核，切成小块，备用。
2. 将黑豆搓洗干净，倒入滤网中，沥干水分。
3. 将备好的黑枣、黑芝麻、黑豆倒入豆浆机中，注入适量清水，至水位线即可。
4. 盖上豆浆机机头，选择“五谷”程序，再选择“开始”键，开始打浆。
5. 待豆浆机运转约20分钟，即成豆浆。
6. 将豆浆机断电，取下机头，把煮好的豆浆倒入滤网中，滤取豆浆，倒入碗中即可。

小叮咛 黑枣不宜食用过多，否则会使胃酸分泌过多，引起腹胀。另外，黑枣不宜空腹吃，因为黑枣含有大量果胶和鞣酸，这些成分与胃酸结合，会在胃内结成硬块，不利于健康。

烹饪时间 22 分钟；口味清淡

黑芝麻玉米红豆浆

原料 ○ 2 人份

黑芝麻30克，水发红豆45克，玉米粒40克

做法

❶ 把洗好的玉米倒入豆浆机中，放入黑芝麻、红豆，注入适量清水至水位线。

❷ 盖上豆浆机机头，选择“五谷”程序，再选择“开始”键，开始打浆。

❸ 待豆浆机运转约20分钟，即成豆浆。

❹ 将豆浆机断电，取下机头，把煮好的豆浆倒入滤网中，滤取豆浆。

❺ 将滤好的豆浆倒入碗中，用汤匙撇去浮沫即可。

小叮咛 黑芝麻能补肝肾、益精血、润肠燥，对延缓皮肤衰老、黑发润发有益。制作豆浆前可以先干炒一下，黑芝麻的味道会更香。

烹饪时间 17 分钟；口味清淡

红枣杏仁豆浆

原料 ○ 2人份

杏仁15克，红枣10克，水发黄豆45克

做法

❶ 洗净的红枣切开，去核，再切成小块，备用。

❷ 把核桃仁、红枣倒入豆浆机中，倒入黄豆，注入适量清水，至水位线。

❸ 盖上豆浆机机头，选择“五谷”程序，再选择“开始”键，开始打浆。

❹ 待豆浆机运转约15分钟，即成豆浆。

❺ 将豆浆机断电，取下机头，把煮好的豆浆倒入滤网中，滤取豆浆。

❻ 将滤好的豆浆倒入碗中，用汤匙撇去浮沫即可。

小叮咛 杏仁能滋养肠道，促进通便；红枣含较高的维生素 C 和环磷酸腺苷，能增强肌肤细胞的代谢功能，防止黑色素沉着，达到美白淡斑的效果，适合女性食用。

烹饪时间 22 分钟；口味清淡

红枣薏米花生豆浆

原料 ○ 5人份

水发黄豆60克，水发红豆50克，花生米40克，红枣10克，芸豆45克，水发薏米70克

做法

1. 红枣切开，去核；将黄豆、红豆、薏米、芸豆搓洗干净，倒入滤网中，沥干水分。
2. 把洗好的材料倒入豆浆机中，加入花生米、红枣，注入适量清水，至水位线即可。
3. 盖上豆浆机机头，选择“五谷”程序，再选择“开始”键，开始打浆。
4. 待豆浆机运转约20分钟，即成豆浆。
5. 将豆浆机断电，取下机头，把豆浆倒入滤网中，滤取豆浆，倒入碗中，撇去浮沫即可。

小叮咛 薏米含有多种维生素和矿物质，有促进新陈代谢、利尿消肿、祛湿排毒的作用，搭配豆类及花生、红枣食用，可排毒瘦身、美容养颜。

红枣花生莲子豆浆

烹饪时间22分钟；口味清淡

原料 ○ 2人份

莲子20克，红枣15克，花生米30克，水发黄豆45克

做法

❶ 洗好的红枣切开，去核，再切成小块，备用。
❷ 把莲子倒入豆浆机中，放入花生米、红枣、黄豆，注入适量清水至水位线。
❸ 盖上豆浆机机头，选择“五谷”程序，再选择“开始”键，开始打浆。
❹ 待豆浆机运转约20分钟，即成豆浆。
❺ 将豆浆机断电，取下机头，把煮好的豆浆倒入滤网中，滤取豆浆，再将滤好的豆浆倒入碗中，撇去浮沫即可。

小叮咛 莲子心味苦，可清热解毒、消肿止渴、发散心火，是很好的养心安神、化解心脏热毒的食物，肥胖的人群食用还有消脂瘦身的作用。

烹饪时间 17 分钟；口味清淡

紫薯豆浆

原料 ○ 2人份

紫薯30克，水发黄豆40克，芡实10克，糙米15克，水发小米20克，牛奶150毫升

做法

1. 紫薯切滚刀块，装入盘中，备用。
2. 将小米、芡实、糙米、黄豆搓洗干净，倒入滤网中，沥干水分。
3. 把洗好的食材、紫薯倒入豆浆机中，倒入牛奶，注入适量清水。
4. 盖上豆浆机机头，选择“五谷”程序，再选择“开始”键，开始打浆；待豆浆机运转约15分钟，即成豆浆。
5. 把煮好的豆浆倒入滤网中，滤取豆浆，再倒入碗中即可。

烹饪时间 18 分钟；口味甜

紫薯南瓜豆浆

原料 ○ 3人份

南瓜20克，紫薯30克，水发黄豆50克

做法

1. 洗净去皮的南瓜切丁；洗好的紫薯切厚片，再切条，改切成丁。
2. 将已浸泡8小时的黄豆倒入碗中，注入适量清水，用手搓洗干净，把洗好的黄豆倒入滤网中，沥干水分。
3. 将备好的的黄豆、紫薯、南瓜倒入豆浆机中，注入适量清水，至水位线即可。
4. 盖上豆浆机机头，选择“五谷”程序，再选择“开始”键，开始打浆。
5. 待豆浆机运转约15分钟，即成豆浆，将豆浆机断电，取下机头。
6. 把煮好的豆浆倒入滤网中，滤取豆浆。将滤好的豆浆倒入碗中即可。

烹饪时间 22 分钟；口味清淡

紫薯糯米豆浆

原料 ○ 2 人份

紫薯60克，水发黄豆50克，水发糯米65克

做法

❶ 洗净去皮的紫薯切开，再切条，改切成丁。

❷ 黄豆倒入碗中，放入糯米，加入适量清水，搓洗干净，倒入滤网中，沥干水分。

❸ 把洗好的材料倒入豆浆机中，放入紫薯，注入适量清水至水位线，盖上豆浆机机头，选择“五谷”程序，再选择“开始”键，开始打浆。

❹ 待豆浆机运转约20分钟，即成豆浆。

❺ 将豆浆机断电，取下机头，把豆浆倒入滤网中，滤取豆浆，再倒入碗中，撇去浮沫即可。

小叮咛 紫薯中膳食纤维含量高，有利于肠道排毒。同时其含有多糖、黄酮类物质，并且还富含硒元素和花青素，对增强机体抗病能力、防癌抗癌有利。

莴笋核桃豆浆

烹饪时间18分钟；口味清淡

原料 ○ 2人份

莴笋65克，核桃仁30克，水发黑豆55克

做法

1. 洗净去皮的莴笋切成滚刀块，备用。
2. 把莴笋、核桃仁倒入豆浆机中，放入黑豆，注入清水至水位线。
3. 盖上豆浆机机头，选择“五谷”程序，再选择“开始”键，开始打浆。
4. 待豆浆机运转约15分钟，即成豆浆。
5. 将豆浆机断电，取下机头后滤取豆浆，倒入杯中，撇去浮沫即可。

小叮咛 核桃含有丰富的油脂，能滋养肠道，防治大便秘结，有利于预防便秘。打豆浆前，可以将核桃仁的衣膜去掉，成品的口感会更好。

烹饪时间 17 分钟；口味清淡

莴笋黄瓜豆浆

原料 ○ 2 人份

莴笋50克，黄瓜60克，水发黄豆55克

做法

❶ 洗净去皮的黄瓜、莴笋切滚刀块。

❷ 把莴笋、黄瓜倒入豆浆机中，再倒入泡好的黄豆，注入清水至水位线。

❸ 盖上豆浆机机头，选择“五谷”程序，再选择“开始”键，开始打浆。

❹ 待豆浆机运转约15分钟，即成豆浆。

❺ 将豆浆机断电，取下机头，把豆浆倒入滤网中，滤取豆浆，再倒入碗中，撇去浮沫即可。

小叮咛 黄瓜中的纤维素对促进人体肠道内腐败物质的排出和降低胆固醇有一定的作用，能强身健体，提高身体的抵抗力。制作时，由于莴笋和黄瓜含水量较高，可以少加些水。

烹饪时间 17 分钟；口味清淡

银耳豆浆

原料 ○ 2 人份

水发银耳55克，水发黄豆50克

做法

1. 将黄豆搓洗干净，倒入滤网中，沥干水分。
2. 碗中放入清水，将银耳撕成小块，清除杂质。
3. 把洗好的黄豆、银耳倒入豆浆机中，注入适量清水，至水位线即可。
4. 盖上豆浆机机头，选择“五谷”程序，再选择“开始”键，开始打浆。
5. 待豆浆机运转约15分钟，即成豆浆。
6. 将豆浆机断电，取下机头，把豆浆倒入滤网，滤取豆浆，再倒入碗中，捞去浮沫即可。

小叮咛 银耳含胶质多，具有很强的润滑作用，经常食用可将体内的大部分毒素带出体外。同时，银耳还有滋阴润燥的功效，女性食用可淡化色斑，有很好的美容功效。

烹饪时间 17 分钟；口味甜

银耳红豆红枣豆浆

原料 ○ 2 人份

水发银耳45克，红豆50克，红枣8克

调料

白糖适量

做法

1. 洗净的银耳切小块；洗好的红枣切开，去核，切小块。
2. 将红豆洗净，倒入滤网中，沥干。
3. 把红豆倒入豆浆机中，放入红枣、银耳，加入白糖，注入清水至水位线。
4. 盖上豆浆机机头，选择“五谷”程序，再选择“开始”键，开始打浆。
5. 待豆浆机运转约15分钟，即成豆浆。
6. 将豆浆机断电，取下机头，把煮好的豆浆倒入滤网中，滤取豆浆，再倒入杯中即可。

烹饪时间 8 分钟；口味清淡

银耳枸杞豆浆

原料 ○ 7 人份

水发银耳100克，水发黄豆200克，枸杞15克

调料

食粉2克

做法

1. 洗好的银耳切成小块。
2. 取来备好的榨汁机，选择搅拌刀座组合，倒入黄豆，加适量矿泉水。
3. 盖上盖，选择“榨汁”功能，榨取黄豆汁，取隔渣袋，放入碗中，倒入黄豆汁，滤掉豆渣。
4. 锅中注水烧开，放入食粉，倒入银耳，煮至沸，捞出银耳，待用。
5. 把黄豆汁倒入砂锅中，煮至沸，倒入银耳、枸杞，拌匀，煮约2分钟。
6. 把煮好的银耳枸杞豆浆盛出即可。

烹饪时间 6 分钟；口味清淡

胡萝卜糊

原料 ○ 1人份

胡萝卜碎100克，粳米粉80克

做法

❶ 备好榨汁机，倒入胡萝卜碎，注入清水，盖好盖子，选择第二档位，待机器运转约1分钟，搅碎食材，榨出胡萝卜汁。

❷ 断电后倒出汁水，装在碗中，待用。

❸ 把粳米粉装入碗中，倒入榨好的汁水，边倒边搅拌，调成米糊，待用。

❹ 奶锅置于旺火上，倒入米糊，拌匀，用中小火煮约2分钟，使食材成浓稠的黏糊状。

❺ 关火后将煮好的胡萝卜糊盛入小碗中即可。

小叮咛 胡萝卜中的植物纤维具有很强的吸水性，进入人体后可起到促进新陈代谢、润肠通便的功效。

胡萝卜糯米糊

烹饪时间25分钟；口味清淡

原料 ○ 2人份

糙米、粳米、糯米各50克，胡萝卜100克

调料

盐2克

做法

❶ 备好豆浆机，倒入泡好的糙米，加入粳米、糯米。
❷ 加入洗净切好的胡萝卜丁。
❸ 放入盐，注入适量清水。
❹ 盖上豆浆机机头，启动“五谷”按键，豆浆机自动磨至食材成黏稠状。
❺ 断电后取下豆浆机机头，盛出磨好的糯米糊，装碗即可。

小叮咛 本品中加入粳米、糯米，制成的米糊更细嫩，口感更佳。如果能接受原味的米糊，尽量不放盐或糖。

南瓜糯米糊

烹饪时间32分钟；口味甜

原料 ○ 2 人份

水发糯米230克，南瓜160克

调料

白糖少许

做法

1. 将洗净去皮的南瓜切厚片，再切小块，备用。
2. 取豆浆机，倒入切好的南瓜。
3. 放入洗净的糯米，注入适量清水。
4. 盖上豆浆机机头，选择“五谷”程序，再选择“开始”键，待豆浆机运转约30分钟，即成米糊。
5. 断电后取下机头，将煮好的米糊倒入碗中。
6. 加入少许白糖，趁热拌匀即可。

小叮咛 糯米含有蛋白质、B 族维生素、糖类、钙、磷、铁等营养成分，具有补虚、补血、健脾暖胃、止汗等功效，磨成米糊食用，更易消化。

烹饪时间 16 分钟；口味甜

杏仁核桃牛奶芝麻糊

原料 ○ 2人份

甜杏仁50克，核桃仁25克，白芝麻、黑芝麻、糯米粉各30克，枸杞10克，牛奶100毫升

调料

白糖15克

做法

❶ 将洗净的白芝麻和黑芝麻放入锅中翻炒，炒出香味，装盘待用。

❷ 将备好的甜杏仁、核桃仁、白芝麻、黑芝麻、糯米粉、枸杞、牛奶倒入豆浆机中。

❸ 注入适量清水，至水位线，加入白糖，搅匀。

❹ 盖上豆浆机机头，选择“五谷”程序，再选择“开始”键，开始打磨材料，待豆浆机运转约15分钟，即成芝麻糊。

❺ 取出豆浆机机头，盛出煮好的芝麻糊即可。

小叮咛 核桃能提高人体的新陈代谢功能，促进人体内毒素及代谢产物的排出，搭配芝麻、杏仁、枸杞、牛奶食用，营养价值更高。

烹饪时间 2 分钟；口味甜

桑葚黑芝麻糊

原料 ○ 2人份

桑葚干7克，水发大米100克，黑芝麻40克

调料

白糖20克

做法

❶ 取榨汁机，选择干磨刀座组合，将黑芝麻倒入磨杯中，将黑芝麻磨成粉，备用。

❷ 选择搅拌刀座组合，将洗净的大米、桑葚干倒入量杯中，加入适量清水。

❸ 盖上盖，选择“榨汁”功能，榨成汁。

❹ 揭盖，倒入黑芝麻粉，继续搅拌至材料混合均匀。

❺ 将混合好的米浆倒入砂锅中，加入白糖，搅拌均匀，煮成糊状。

❻ 关火后将煮好的芝麻糊盛出，装入碗中即可。

小叮咛 桑葚中含有鞣酸、脂肪酸、苹果酸等营养物质，能帮助脂肪、蛋白质及淀粉的消化，可促进人体内毒素的排出。

葡萄胡萝卜汁

烹饪时间3分钟；口味甜

原料 ○ 2人份

葡萄75克，胡萝卜50克

做法

❶ 洗净的胡萝卜切成丁，洗好的葡萄切小瓣。
❷ 取榨汁机，选择搅拌刀座组合。
❸ 倒入切好的葡萄、胡萝卜，加入适量温开水。
❹ 盖上盖，选择“榨汁”功能，榨出蔬果汁。
❺ 断电后取下搅拌杯，将榨好的蔬果汁倒入杯中即可。

小叮咛 葡萄皮和葡萄籽含有丰富的营养，榨汁时可以不用去除。为了洗干净葡萄皮，可以在水中加入一些面粉，用手在水里搅和几下，然后再用水冲洗干净。

烹饪时间 3 分钟；口味清淡

葡萄青瓜西红柿汁

原料 ○ 2人份

葡萄、黄瓜各100克，西红柿90克

做法

1. 洗好的西红柿、黄瓜分别切开，切成条，再改切成小块。
2. 取榨汁机，选择搅拌刀座组合。
3. 放入洗净的葡萄，加入黄瓜、西红柿，倒入适量纯净水。
4. 盖上盖，选择“榨汁”功能，榨取蔬果汁。
5. 揭开盖，将蔬果汁倒入杯中即可。

小叮咛 西红柿含有的丰富的番茄红素是一种很强的抗氧化剂，具有极强的清除自由基的能力，能增强身体的代谢功能，起到纤体美容的作用。

烹饪时间 3 分钟；口味清淡

雪梨汁

原料 ○ 2 人份

雪梨270克

做法

1. 洗净去皮的雪梨切开，去核，把果肉切成小块。
2. 取榨汁机，选择搅拌刀座组合。
3. 倒入切好的雪梨块，注入适量温开水。
4. 盖上盖，选择“榨汁”功能，榨取汁水。
5. 断电后取下盖，倒出雪梨汁，装入杯中，捞去浮沫即可。

小叮咛 雪梨有润肺清燥、止咳化痰、养血生肌的作用，有利于肺部排毒，同时，其含有的纤维素可促进肠道蠕动，加速体内毒素的排泄。

雪梨蜂蜜苦瓜汁

烹饪时间5分钟；口味甜

原料 ○ 2人份

雪梨100克，苦瓜120克

调料

蜂蜜10克

做法

❶ 洗好的苦瓜切开，去籽，切成小块；去皮的雪梨切开，去核，切成小块。
❷ 锅中注水烧开，倒入切好的苦瓜，搅匀，煮2分钟，捞出，待用。
❸ 取榨汁机，选择搅拌刀座组合。
❹ 倒入氽好的苦瓜、雪梨，加入适量矿泉水。
❺ 盖上盖，选择“榨汁”功能，榨出果汁。
❻ 揭开盖，倒入蜂蜜，搅拌均匀；揭开盖，倒入杯中即可。

小叮咛 雪梨具有润肺凉心、降火解毒等功效，苦瓜具有清热消暑、养肝明目等功效，搭配具有滋阴润燥、解毒抗菌等功效的蜂蜜食用，对清除体内的废物有利。

烹饪时间 3 分钟；口味甜

雪梨莲藕汁

原料 ○ 2 人份

雪梨、莲藕各100克

调料

蜂蜜10克

做法

❶ 去皮的莲藕切成小块；去皮的雪梨去除核，再把果肉切成丁。

❷ 取榨汁机，选择搅拌刀座组合，放入切好的材料，注入适量矿泉水。

❸ 盖上盖，通电后选择“榨汁”功能，搅拌一会儿，至材料榨出汁水。

❹ 断电后揭开盖，放入蜂蜜，盖好盖子，通电后再次选择“榨汁”功能，搅拌片刻，至蜂蜜溶入汁水中。

❺ 断电后倒出榨好的莲藕汁，装入杯中即成。

烹饪时间 2 分钟；口味甜

橘子汁

原料 ○ 1 人份

橘子肉60克

做法

❶ 取榨汁机，选择搅拌刀座组合。

❷ 倒入剥去皮的橘子肉，注入适量的纯净水。

❸ 盖上盖，选择“榨汁”功能，榨取橘子汁。

❹ 断电后倒出橘子汁，装入杯中即可。

烹饪时间 2 分钟；口味甜

橘子红薯汁

原料 ○ 1人份

橘子2个，去皮熟红薯50克，肉桂粉少许

做法

❶ 去皮的熟红薯切块；橘子剥皮，去筋，剥成小瓣，待用。

❷ 将切好的红薯块倒入榨汁机中，放入橘子瓣，注入80毫升的凉开水。

❸ 盖上盖，启动榨汁机，榨约15秒制成蔬果汁。

❹ 断电后揭开盖，将蔬果汁倒入杯中，放上肉桂粉即可。

为了避免成品有苦味，可将橘子的籽去除，但不要去除橘络，也就是橘瓤上的白色网状丝络。因为橘络上含有膳食纤维及果胶，有利于体内毒素的排出。

橘子马蹄蜂蜜汁

烹饪时间3分钟；口味甜

原料 ○ 1人份

橘子70克，马蹄90克

调料

蜂蜜15克

做法

❶ 洗好去皮的马蹄切成小块；橘子去皮，剥成瓣状，备用。
❷ 取榨汁机，选择搅拌刀座组合。
❸ 将备好的食材倒入搅拌杯中，加入适量纯净水。
❹ 盖上盖，选择“榨汁”功能，榨取蔬果汁。
❺ 揭开盖，倒入蜂蜜；盖上盖，再次选择“榨汁”功能，搅拌均匀。
❻ 揭盖，将榨好的蔬果汁倒入杯中即可。

小叮咛 使用马蹄前要先洗干净，去皮之后再用开水冲泡一会儿，这样能有效防止细菌、病毒、虫卵等污染因素进入果汁中。

玉米汁

烹饪时间5分钟；口味甜

原料 ○ 1人份

鲜玉米粒70克

调料

白糖适量

做法

❶ 取榨汁机，选择搅拌刀座组合，倒入洗净的玉米粒，注入少许温开水。
❷ 盖上盖，选择“榨汁”功能，榨取玉米汁。
❸ 断电后揭盖，加入白糖，盖上盖，再次选择“榨汁”功能，拌至糖分溶化。
❹ 锅置火上，倒入榨好的玉米汁。
❺ 加盖，烧开后用中小火煮约3分钟至熟。
❻ 揭盖，将煮好的玉米汁倒入杯中即可。

小叮咛 榨汁前可先用温水浸泡玉米粒，这样能减少榨汁的时间。煮玉米汁的时间不宜太久，也不要熬得太稠，否则会失去其清甜的味道。

烹饪时间 5 分钟；口味甜

蜂蜜玉米汁

原料 ○ 1 人份

鲜玉米粒100克

调料

蜂蜜15克

做法

1. 取榨汁机，选择搅拌刀座组合，将洗净的玉米粒装入搅拌杯中，加入适量纯净水。
2. 盖上盖，选择“榨汁”功能，榨取玉米汁。
3. 揭盖，将榨好的玉米汁倒入锅中，盖上盖，用大火加热，煮至沸。
4. 揭开盖子，加入蜂蜜，搅拌均匀，盛出即可。

烹饪时间 2 分钟；口味清淡

紫甘蓝包菜汁

原料 ○ 1 人份

紫甘蓝、包菜各100克

做法

1. 洗好的包菜、紫甘蓝切成条，再切成小块，备用。
2. 取榨汁机，选择搅拌刀座组合。
3. 将包菜、紫甘蓝放入搅拌杯中，倒入适量纯净水。
4. 盖上盖，选择“榨汁”功能，榨取蔬菜汁。
5. 将榨好的蔬菜汁倒入杯中即可。

烹饪时间 2 分钟；口味清淡

紫甘蓝芹菜汁

原料 ○ 1人份

紫甘蓝100克，芹菜80克

做法

1. 洗好的芹菜切成段。
2. 洗净的紫甘蓝切成条，再切小块。
3. 取榨汁机，选择搅拌刀座组合。
4. 倒入切好的紫甘蓝、芹菜，加入适量纯净水。
5. 盖上盖，选择“榨汁”功能，榨取蔬菜汁。
6. 将榨好的蔬菜汁倒入杯中即可。

小叮咛 紫甘蓝、芹菜均含有较多的膳食纤维，可以加速人体的新陈代谢，促进毒素排出。在榨果汁时，可将食材切得小一点，榨汁时更方便。

烹饪时间 2 分钟；口味甜

菠菜汁

原料 ○ 1人份

菠菜90克

调料

蜂蜜20克

做法

1. 锅中注水烧开，放入菠菜，煮至其变软，捞出，沥干水分。
2. 将放凉的菠菜切段，放入盘中，备用。
3. 取榨汁机，选择搅拌刀座组合，倒入菠菜，注入适量温开水。
4. 盖好盖，选择“榨汁”功能，搅打成汁水。
5. 断电后倒出菠菜汁，装入杯中，捞去浮沫。
6. 加入蜂蜜，拌匀，即可饮用。

小叮咛 菠菜富含维生素、膳食纤维及矿物质，具有利五脏、通肠胃、助消化等功效，同时其还含有较高的铁，对人体健康有利。

菠菜西蓝花汁

烹饪时间5分钟；口味甜

原料 ○ 2人份

菠菜200克，西蓝花180克

调料

白糖10克

做法

1. 洗好的西蓝花切成小块，洗净的菠菜切成段。
2. 锅中注水烧开，倒入西蓝花，煮至沸腾，再倒入菠菜，煮片刻，捞出待用。
3. 取榨汁机，选择搅拌刀座组合，将食材倒入搅拌杯中，倒入适量纯净水。
4. 盖上盖，选择“榨汁”功能，榨取蔬菜汁。
5. 揭盖，倒入白糖；盖上盖，再选择“榨汁”功能，搅拌片刻。
6. 揭盖，将榨好的蔬菜汁倒入杯中即可。

西蓝花易生菜虫，榨汁之前应将其放在盐水里浸泡几分钟。另外，西蓝花焯水的时间可以久一点，这样榨出的蔬菜汁口感会好很多。

烹饪时间 2 分钟；口味清淡

甜椒胡萝卜柳橙汁

原料 ○ 2人份

红彩椒50克，去皮胡萝卜50克，柳橙250克

做法

1. 洗净去皮的胡萝卜切块，洗净的红彩椒切块。
2. 柳橙切瓣，去皮，切块，待用。
3. 将柳橙块和红彩椒块倒入榨汁机中。
4. 放入胡萝卜块，注入100毫升凉开水。
5. 盖上盖，启动榨汁机，榨约20秒成蔬果汁。
6. 断电后揭开盖，将蔬果汁倒入杯中即可。

小叮咛 胡萝卜含有植物纤维，其吸水性强，在肠道中体积容易膨胀，是肠道中的“充盈物质”，可加强肠道的蠕动，促进排便。

烹饪时间 7 分钟；口味甜

胡萝卜红薯汁

原料 ○ 2 人份

胡萝卜90克，红薯120克

调料

蜂蜜10克

做法

1. 洗净去皮的红薯、胡萝卜切条，再切丁。
2. 锅中注入适量水烧开，倒入红薯丁，煮5分钟，捞出待用。
3. 取榨汁机，选择搅拌刀座组合，倒入红薯、胡萝卜，加入适量白开水。
4. 盖上盖，选择“榨汁”功能，榨取蔬菜汁。
5. 揭开盖，放入蜂蜜；盖上盖，再次选择“榨汁”功能，搅拌均匀。
6. 揭盖，把搅拌匀的蔬菜汁倒入杯中即可。

小叮咛 红薯是粗粮的一种，富含膳食纤维，且含有独特的生物类黄酮成分，能促进排便。平常喜欢吃肉的人，不妨多喝这款蔬果汁来清理肠道。

烹饪时间 3 分钟；口味清淡

爽口胡萝卜芹菜汁

原料 ○ 2 人份

胡萝卜120克，包菜100克，芹菜、柠檬各80克

做法

❶ 洗净的包菜切成小块；洗好的芹菜切成粒；洗净去皮的胡萝卜切条，改切成丁。

❷ 锅中注水烧开，倒入切好的包菜，煮半分钟，捞出，沥干水分。

❸ 取榨汁机，选择搅拌刀座组合，倒入切好的包菜、胡萝卜、芹菜，加入适量矿泉水。

❹ 盖上盖，选择“榨汁”功能，榨取蔬菜汁。

❺ 把榨好的蔬菜汁倒入杯中，挤入柠檬汁，搅拌均匀即可。

烹饪时间 2 分钟；口味清淡

芹菜胡萝卜汁

原料 ○ 2 人份

芹菜70克，胡萝卜200克

做法

❶ 洗净去皮的胡萝卜切条，改切成丁；洗好的芹菜切成粒。

❷ 取榨汁机，选择搅拌刀座组合。

❸ 倒入切好的芹菜、胡萝卜，加入适量矿泉水。

❹ 盖上盖子，选择“榨汁”功能，榨取蔬菜汁。

❺ 揭开盖子，把榨好的芹菜胡萝卜汁倒入杯中即可。

芹菜杨桃葡萄汁

烹饪时间3分钟；口味清淡

原料 ○ 2人份

芹菜40克，杨桃180克，葡萄80克

做法

❶ 洗好的芹菜切段，洗净的葡萄、杨桃分别切成小块。
❷ 取榨汁机，选择搅拌刀座组合。
❸ 倒入切好的芹菜、葡萄、杨桃，加入适量矿泉水。
❹ 盖上盖子，选择“榨汁”功能，榨取蔬果汁。
❺ 揭开盖子，将榨好的蔬果汁倒入杯中即可。

小叮咛 杨桃具有生津止渴、清热利咽等功效，能使体内的热与酒毒随着小便排出体外，达到排毒的效果，经常喝酒的人可以多喝此款果汁。

烹饪时间 3 分钟；口味清淡

芹菜西蓝花蔬菜汁

原料 ○ 2人份

芹菜70克，西蓝花90克，莴笋80克，牛奶100毫升

做法

1. 去皮的莴笋切成丁，芹菜切段，西蓝花切小块。
2. 锅中注水烧开，倒入切好的莴笋、西蓝花，煮至沸，再倒入芹菜段，煮至断生，捞出待用。
3. 取榨汁机，选择搅拌刀座组合，倒入焯过水的食材，加入适量矿泉水。
4. 盖上盖，选择“榨汁”功能，榨取蔬菜汁。
5. 揭开盖子，倒入牛奶；盖上盖，再次选择“榨汁”功能，搅拌均匀。
6. 揭盖，将搅拌匀的蔬菜汁倒入杯中即可。

小叮咛 莴笋的汁液可增加胃液、胆汁和消化酶的分泌，并刺激胃肠道平滑肌的蠕动，有利于清洁肠胃，促进排毒。在制作时，莴笋焯水的时间不宜太久，以免破坏其营养成分。

烹饪时间 3 分钟；口味酸

香蕉猕猴桃汁

原料 ○ 2 人份

香蕉120克，猕猴桃90克，柠檬30克

做法

1. 香蕉去皮，果肉切成小块；柠檬切成小块；猕猴桃去皮，果肉切成块。
2. 取榨汁机，选择搅拌刀座组合。
3. 倒入切好的水果，加入适量纯净水。
4. 盖上盖，选择“榨汁”功能，榨取果汁。
5. 揭开盖，将榨好的果汁倒入杯中即可。

小叮咛　香蕉中含有大量的水溶性纤维，可促进肠胃蠕动，有效清理肠道内久存的垃圾，是排毒养颜的极佳水果。

烹饪时间 3 分钟；口味酸甜

香蕉柠檬蔬菜汁

原料 ○ 2 人份

香蕉、莴笋各100克，柠檬70克

调料

蜂蜜10克

做法

❶ 洗净去皮的莴笋切成丁；香蕉去皮，把果肉切成小块；洗净的柠檬去皮，切成小块。

❷ 锅中注水烧开，放入莴笋丁，煮1分钟，至其断生，捞出待用。

❸ 取榨汁机，选择搅拌刀座组合，倒入香蕉、柠檬、莴笋，加入适量矿泉水。

❹ 盖上盖，选择“榨汁”功能，榨取蔬果汁。

❺ 揭盖，放入蜂蜜；盖上盖，再次选择“榨汁”功能，拌匀；揭盖，把拌匀的蔬果汁倒入杯中即可。

小叮咛 柠檬中含丰富的维生素 C，有很强的抗氧化作用，对延缓皮肤衰老、止咳消痰、开胃消食均有益。若怕酸的话，制作时可以少放些柠檬。

烹饪时间 3 分钟；口味甜

香蕉葡萄汁

原料 ○ 2人份

香蕉150克，葡萄120克

做法

❶ 香蕉去皮，果肉切成小块，备用。

❷ 取榨汁机，选择搅拌刀座组合。

❸ 将洗好的葡萄和切好的香蕉倒入搅拌杯中，加入适量纯净水。

❹ 盖上盖，选择“榨汁”功能，榨取果汁。

❺ 揭开盖，将榨好的果汁倒入杯中即可。

小叮咛 葡萄中含有独特的前花青素，具有超强的抗酸化和抗氧化的功用，能清除伤害细胞的自由基，起到紧致肌肤、延缓衰老的作用。常吃葡萄还可使肤色红润、秀发乌黑亮丽。

无花果苹果汁

烹饪时间3分钟；口味酸甜

原料 ○ 1人份

无花果40克，苹果80克，酸奶50毫升

做法

1. 洗净的苹果切开，去核，去皮，切成块。
2. 洗净的无花果切成小块，再切碎。
3. 备好榨汁机，倒入苹果块、无花果碎。
4. 倒入备好的酸奶，加入少许清水。
5. 盖上盖，调转旋钮至1档，榨取果汁。
6. 打开盖，将榨好的果汁倒入杯中即可。

小叮咛 苹果含有果胶、铜、碘、维生素C等营养成分，具有润肠通便、增进食欲、排毒瘦身等功效。切好的苹果最好尽快榨汁，以免氧化变黑。

无花果葡萄柚汁

烹饪时间2分钟；口味甜

原料 ○ 1人份

葡萄柚100克，无花果40克

做法

❶ 洗净的葡萄柚去皮，切成小块；处理好的无花果去籽，待用。

❷ 备好榨汁机，倒入葡萄柚块、无花果，倒入适量的凉开水。

❸ 盖上盖，调转旋钮至1档，榨取果汁。

❹ 打开盖，将榨好的果汁倒入杯中即可。

小叮咛 无花果味道甘甜，具有清热解毒、化痰祛湿的作用，是天然的保健养生品。无花果还有一定的轻泻作用，便秘的时候可以适当吃一些。

烹饪时间 2 分钟；口味甜

包菜无花果汁

原料 ○ 1 人份

包菜80克，无花果30克，酸奶100毫升

调料

蜂蜜30克

做法

1. 洗净的包菜切块，洗净的无花果切碎。
2. 榨汁机中倒入包菜块和无花果碎。
3. 加入酸奶，注入70毫升凉开水。
4. 盖上盖，榨约25秒制成蔬果汁。
5. 揭开盖，将蔬果汁倒入杯中，淋上蜂蜜即可。

小叮咛 包菜中含有少量的功能性低聚糖，可促进大肠中双歧杆菌的增殖，起到润肠通便、抑制毒素产生的作用，便秘者及肥胖人士均可多食。

Part 5 消肿饮品，摆脱虚胖更轻松

你是水肿型虚胖，还是真的胖？明明努力减重，为何下肢依旧“丰满”？水肿型肥胖真的那么难破解吗？且跟着我们，从饮食入手，提高代谢水平，打破“喝水都会胖”的魔咒，从根本上改变水肿体质，远离虚胖，保持苗条身材。

战胜水肿型肥胖

水肿是困扰许多人的问题，明明自己的体重没有超重，可总显得胖嘟嘟的。除了病理性因素引发的之外，生活饮食习惯也是引起水肿的主要原因之一。消除水肿告别虚胖，从纠正生活和饮食习惯开始吧！

你是水肿虚胖吗？

肥胖，不一定是脂肪引起的，体内水分过多也易造成"肥胖"。判断水肿虚胖并不难，只需用手在胖的地方用力按下去，把手拿起来的时候，如果发现手按住的地方发白，并且需要一定的时间才能恢复，那就是水肿虚胖了。

你为什么会水肿？

❶血液循环不畅。人体新陈代谢变慢，体内多余的废水、毒素就不能及时排出去，水分滞留在微血管内，甚至回渗到皮肤中，便产生了膨胀水肿的现象。

❷饮食不当。饮食中盐分、油脂摄入过多，会影响身体内水分、毒素的排泄；而单一的饮食结构，又会导致人体缺少某些利于代谢的矿物质，加重水肿。

如何消除水肿？

❶多食利水食材，减少盐的摄入。利水消肿的食材主要有冬瓜、黄瓜、海带、绿豆、红豆、薏米、西瓜等。另外，每人每日食盐量也不宜超过5毫克，且应少吃或不吃腌制食品、酱菜、咖喱等含钠高的食物。

❷避免久坐或久站。上班族由于久坐或久站，下肢血液循环不畅，容易引起水肿。上班族可经常走动一下，或用双手握拳轻轻敲打臀部、大腿、小腿至脚踝部位，放松腿部肌肉。

❸晚饭后散步。晚饭后散步是消除腿部水肿的不错方式。散步时应该挺直腰，用力摆动双手，步行时脚跟慢慢移向前脚的脚尖，即脚跟先着地，再是脚掌脚尖，头部和腰部可略微放松，每天散步适宜时间为20分钟左右。

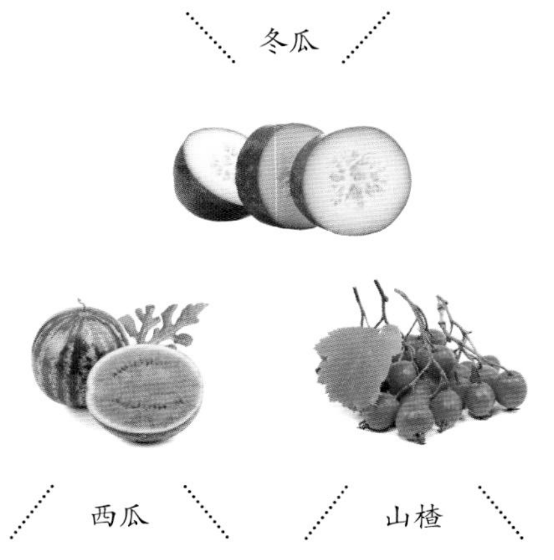

绿豆芹菜豆浆

烹饪时间16分钟；口味甜

原料 ○ 3人份

芹菜30克，水发绿豆50克

调料

冰糖10克

做法

❶ 洗净的芹菜切小块。

❷ 把泡好的绿豆倒入豆浆机中，放入切好的芹菜，加入适量清水、冰糖，至水位线即可。

❸ 盖上豆浆机机头，选择“五谷”程序，再选择“开始”键，开始打浆。

❹ 待豆浆机运转约15分钟，即成豆浆。

❺ 将豆浆机断电，取下机头，把煮好的豆浆倒入大水杯中，再把豆浆倒入碗中，用汤匙撇去浮沫即可。

小叮咛 芹菜含有丰富的粗纤维，对预防水肿、便秘有很大帮助，配以同样有利水功效的绿豆煮成豆浆，利水消肿、瘦身效果更显著。

烹饪时间 22 分钟；口味甜

绿豆燕麦豆浆

原料 ○ 3 人份

水发绿豆55克，燕麦45克

调料

冰糖适量

做法

❶ 将泡好的绿豆、燕麦倒入碗中，加水，搓洗干净，沥干水分，待用。

❷ 把洗好的绿豆和燕麦倒入豆浆机中，放入冰糖，注水至水位线。

❸ 盖上豆浆机机头，选择“五谷”程序，再选择“开始”键，开始打浆。

❹ 待豆浆机运转约20分钟，即成豆浆。

❺ 豆浆机断电后取下机头，把煮好的豆浆倒入滤网中，滤取豆浆。

❻ 将滤好的豆浆倒入杯中，捞去浮沫即可。

烹饪时间 17 分钟；口味清淡

绿豆海带豆浆

原料 ○ 4 人份

水发海带30克，水发绿豆、水发黄豆各40克

做法

❶ 洗净的海带切成小方块，备用。

❷ 泡好的绿豆、黄豆倒入碗中，注水，搓洗干净，沥干水分。

❸ 将备好的绿豆、黄豆、海带倒入豆浆机中，注水至水位线即可。

❹ 盖上豆浆机机头，选择“五谷”程序，再选择“开始”键，开始打浆。

❺ 待豆浆机运转约15分钟，即成豆浆。

❻ 将豆浆机断电，取下机头，把煮好的豆浆倒入滤网中，滤取豆浆，将滤好的豆浆倒入碗中即可。

烹饪时间 25 分钟；口味甜

薏米黑豆浆

原料 ○ 4 人份

水发薏米、水发黑豆各50克

调料

白糖8克

做法

❶ 取豆浆机，倒入洗好的黑豆、薏米。
❷ 加入白糖，注入适量清水，至水位线即可。
❸ 盖上豆浆机机头，选择“五谷”程序，再选择“开始”键，开始打浆，待豆浆机运转约20分钟，即成豆浆。
❹ 断电后取下机头，倒出豆浆，滤入容器中。
❺ 将过滤好的豆浆倒入碗中，待稍微放凉后即可饮用。

小叮咛 薏米含有氨基酸、B 族维生素、钙、磷、镁、钾等成分，有健脾利湿、清热、美容护肤、利水消肿等作用，易生内热、水肿者可常食用。

烹饪时间 22 分钟；口味清淡

茯苓米香豆浆

原料 ○ 3人份

水发黄豆50克，茯苓4克，水发大米少许

做法

1. 将已浸泡8小时的黄豆倒入碗中，再加入已浸泡4小时的大米，注入适量清水，用手搓洗干净。
2. 把洗好的食材倒入滤网中，沥干水分。
3. 将备好的黄豆、大米、茯苓倒入豆浆机中，注入适量清水，至水位线即可。
4. 盖上豆浆机机头，选择“五谷”程序，再选择“开始”键，开始打浆。
5. 待豆浆机运转约20分钟，即成豆浆。
6. 将豆浆机断电，取下机头，把煮好的豆浆倒入滤网中，滤取豆浆。
7. 将滤好的豆浆倒入碗中即可。

烹饪时间 17 分钟；口味清淡

荷叶豆浆

原料 ○ 3人份

荷叶7克，水发黄豆55克

做法

1. 将已浸泡8小时的黄豆倒入碗中。
2. 加入适量清水，用手搓洗干净，将洗好的黄豆倒入滤网中，沥干水分。
3. 把备好的黄豆、荷叶倒入豆浆机中，注入适量清水，至水位线即可。
4. 盖上豆浆机机头，选择“五谷”程序，再选择“开始”键，开始打浆，待豆浆机运转约15分钟，即成豆浆。
5. 将豆浆机断电，取下机头，把煮好的豆浆倒入滤网中，滤取豆浆，倒入碗中，用汤匙撇去浮沫即可。

荷叶小米黑豆豆浆

烹饪时间22分钟；口味清淡

原料 ○ 3人份

荷叶8克，小米35克，水发黑豆55克

做法

❶ 将小米、泡好的黄豆倒入碗中，加入适量清水，搓洗干净，沥干水分，待用。

❷ 把备好的荷叶、小米、黑豆倒入豆浆机中，注入适量清水，至水位线即可。

❸ 盖上豆浆机机头，选择“五谷”程序，再选择“开始”键，开始打浆，待豆浆机运转约20分钟，即成豆浆。

❹ 将豆浆机断电，取下机头，把煮好的豆浆倒入滤网中，滤取豆浆，再倒入碗中，用汤匙捞去浮沫即可。

小叮咛 荷叶性凉，味苦、微涩，主治暑热烦渴、头痛眩晕、水肿、食少腹胀、泻痢等症。水肿人群适量食用，能帮助利水消肿。

烹饪时间 18 分钟；口味清淡

玫瑰花上海青黑豆浆

原料 ○ 3人份

水发黄豆50克，水发黑豆、上海青各10克，玫瑰花5克

做法

❶ 将已浸泡8小时的黑豆、黄豆倒入碗中，注入适量清水，用手搓洗干净，沥干水分。

❷ 将备好的黑豆、黄豆、玫瑰花、上海青倒入豆浆机中，注入适量清水，至水位线即可。

❸ 盖上豆浆机机头，选择“五谷”程序，再选择“开始”键。

❹ 待豆浆机运转约15分钟，即成豆浆。

❺ 将豆浆机断电，取下机头，把煮好的豆浆倒入滤网中，滤取豆浆，将滤好的豆浆倒入杯中即可。

小叮咛 黑豆和黄豆都富含蛋白质、不饱和脂肪酸、磷脂、钙、磷、铁等营养成分，具有很好的利水之效，搭配玫瑰花和上海青，营养更加全面，适合水肿人群瘦身之用。

烹饪时间 7 分钟；口味甜

莲子花生豆浆

原料 ○ 6 人份

水发莲子80克，水发花生75克，水发黄豆120克

调料

白糖20克

做法

❶ 取榨汁机，选择搅拌刀座组合，倒入泡发洗净的黄豆。

❷ 加入适量矿泉水，盖上盖，通电后选择“榨汁”功能，榨取黄豆汁。

❸ 把榨好的黄豆汁盛出，滤入碗中。

❹ 把洗好的花生、莲子装入搅拌杯中，加入适量矿泉水，再次选择“榨汁”功能，榨取莲子花生汁，并倒入碗中。

❺ 将榨好的汁倒入砂锅中，煮至沸，放入白糖，煮至溶化，关火后盛出即可。

烹饪时间 17 分钟；口味清淡

花式豆浆

原料 ○ 3 人份

玫瑰花7克，虾皮8克，紫菜10克，水发黄豆45克

做法

❶ 把洗好的玫瑰花倒入豆浆机中，放入洗净的黄豆。

❷ 注入适量清水，至水位线即可，盖上豆浆机机头，选择“五谷”程序，再选择“开始”键，开始打浆。

❸ 待豆浆机运转约15分钟，即成豆浆。

❹ 将豆浆机断电，取下机头，把煮好的豆浆倒入滤网中，滤取豆浆。

❺ 将滤好的豆浆倒入碗中，撒入备好的虾皮、紫菜，拌匀即可。

黄瓜蜂蜜豆浆

烹饪时间16分钟；口味甜

原料 ○ 3人份

黄瓜40克，水发黄豆50克

调料

蜂蜜适量

做法

1. 洗净的黄瓜切滚刀块。
2. 将黄瓜、已浸泡8小时的黄豆倒入豆浆机中，注入适量清水，至水位线即可。
3. 盖上豆浆机机头，选择“五谷”程序，再选择“开始”键，开始打浆。
4. 待豆浆机运转约15分钟，即成豆浆。
5. 将豆浆机断电，取下机头，把煮好的豆浆倒入滤网中，滤取豆浆。
6. 把滤好的豆浆倒入杯中，加入少许蜂蜜，拌匀，待稍微放凉后即可饮用。

小叮咛 黄瓜味甘，性凉，入脾、胃、大肠经，具有除热、利水、清热解毒、减肥等功效，易水肿者可常食用。

烹饪时间 18 分钟；口味清淡

黄瓜玫瑰豆浆

原料 ○ 3 人份

黄瓜30克，水发黄豆50克，燕麦20克，玫瑰花少许

做法

❶ 洗净去皮的黄瓜切成块，备用。

❷ 将已浸泡8小时的黄豆倒入碗中，注入适量清水，用手搓洗干净，把洗好的黄豆倒入滤网中，沥干水分。

❸ 将备好的黄豆、黄瓜、玫瑰花、燕麦倒入豆浆机中，注水至水位线，盖上豆浆机机头，选择“五谷”程序，再选择“开始”键，开始打浆。

❹ 待豆浆机运转约15分钟，即成豆浆。

❺ 将豆浆机断电，取下机头，把煮好的豆浆倒入滤网中，滤取豆浆，将滤好的豆浆倒入杯中即可。

小叮咛 燕麦中富含可溶性纤维和不溶性纤维，能大量吸收人体内的胆固醇并将其排出体外，并有消除水肿的作用。

烹饪时间 16 分钟；口味甜

芝麻蜂蜜豆浆

原料 ○ 2 人份

水发黄豆40克，黑芝麻5克

调料

蜂蜜少许

做法

1. 泡好的黄豆倒入碗中，注入适量清水，搓洗干净，再倒入滤网中，沥干水分。
2. 将黄豆、黑芝麻倒入豆浆机中，注入适量清水，至水位线即可。
3. 盖上豆浆机机头，选择“五谷”程序，再选择“开始”键，开始打浆。
4. 待豆浆机运转约15分钟，即成豆浆，将豆浆机断电，取下机头。
5. 把煮好的豆浆倒入滤网中，滤入碗中，加入蜂蜜，搅拌均匀即可。

烹饪时间 22 分钟；口味清淡

芝麻玉米豆浆

原料 ○ 3 人份

黑芝麻25克，玉米粒40克，水发黄豆45克

做法

1. 取豆浆机，倒入黑芝麻、玉米粒、黄豆，注入适量清水，至水位线。
2. 盖上豆浆机机头，选择“五谷”程序，再选择“开始”键，开始打浆。
3. 待豆浆机运转约20分钟，即成豆浆。
4. 将豆浆机断电，取下机头，把煮好的豆浆倒入滤网中，滤取豆浆。
5. 将过滤好的豆浆倒入碗中即可。

烹饪时间 23 分钟；口味清淡

芝麻花生黑豆浆

原料 ○ 3 人份

花生仁25克，黑芝麻20克，水发黑豆50克，牛奶20毫升

做法

❶ 把花生仁放入豆浆机中，倒入洗净的黑芝麻，加入牛奶。

❷ 倒入泡好的黑豆，注水至水位线，盖上豆浆机机头，选择“五谷”程序，再选择“开始”键，开始打浆。

❸ 待豆浆机运转约20分钟，即成豆浆。

❹ 将豆浆机断电，取下机头，把煮好的豆浆倒入滤网。

❺ 用汤匙轻轻搅拌，滤取豆浆，再倒入杯中，捞去浮沫即可。

小叮咛 黑芝麻含有油酸、亚油酸、棕榈酸、花生酸、维生素 E、叶酸等成分，具有滋养肝肾、养血润燥、养颜护肤等功效，搭配黄豆和花生米打浆，还有调理气血、缓解水肿的作用。

海带豆浆

烹饪时间22分钟；口味清淡

原料 ○ 3人份

海带50克，水发黄豆55克

做法

1. 洗好的海带切条，再切成碎片。
2. 将已浸泡8小时的黄豆倒入碗中，加入适量清水，用手搓洗干净，再将洗好的黄豆倒入滤网中，沥干水分。
3. 把海带、黄豆倒入豆浆机中，注入适量清水，至水位线即可。
4. 盖上豆浆机机头，选择“五谷”程序，再选择“开始”键，开始打浆，待豆浆机运转约20分钟，即成豆浆。
5. 将豆浆机断电，取下机头，把煮好的豆浆倒入滤网中，滤取豆浆，倒入碗中，用汤匙撇去浮沫即可。

小叮咛 海带中含有大量的甘露醇，而甘露醇具有利尿消肿的作用，可防治水肿型肥胖、肾功能衰竭、老年性水肿、药物中毒等。

烹饪时间 17 分钟；口味清淡

白萝卜冬瓜豆浆

原料 ○ 3 人份

水发黄豆60克，冬瓜、白萝卜各15克

调料

盐1克

做法

❶ 洗净去皮的冬瓜切成小丁块，洗好去皮的白萝卜切成小丁块。

❷ 取豆浆机，倒入泡好的黄豆、冬瓜丁、白萝卜丁，注入适量清水，至水位线即可。

❸ 盖上豆浆机机头，选择“五谷”程序，再选择“开始”键，开始打浆。

❹ 待豆浆机运转约15分钟，即成豆浆。

❺ 将豆浆机断电，取下机头，把煮好的豆浆倒入滤网中，滤取豆浆，再倒入碗中，加盐，拌匀即可。

小叮咛 白萝卜具有增强免疫力、促消化、利水等功效，而冬瓜和黄豆也具有缓解水肿的作用，因此，这款豆浆是肥胖、水肿者的食疗佳品。

绿豆燕麦红米糊

烹饪时间36分钟；口味清淡

原料 ○5人份

水发红米220克，水发绿豆160克，燕麦片75克

做法

1. 取豆浆机，倒入洗净的红米、绿豆、燕麦片。
2. 注入适量清水，至水位线。
3. 盖上机头，选择“米糊”项目，再点击“启动”。
4. 待机器运转35分钟，煮成米糊。
5. 断电后取下机头，倒出煮好的米糊，装在小碗中即可。

小叮咛 红米是一种营养价值很高的粗粮，有补血、延缓衰老的功效，体虚、水肿者常吃红米，可起到较好的滋补保健功效。

烹饪时间 23 分钟；口味清淡

莲子核桃米糊

原料 ○ 3 人份

水发莲子、核桃仁各10克，水发大米300克

做法

❶ 取豆浆机，倒入洗净的莲子、核桃仁、大米。

❷ 注入适量清水，至水位线即可。

❸ 盖上豆浆机机头，选择“五谷”程序，再选择“开始”键。

❹ 待豆浆机运转约20分钟，即成米糊，将豆浆机断电，取下机头。

❺ 将煮好的米糊倒入碗中，待稍微放凉后即可食用。

小叮咛 莲子具有补脾益胃、养心安神等功效，搭配核桃仁，还能起到健脑、增强记忆力等功效，尤其适合久坐的上班族食用。

烹饪时间 42 分钟；口味清淡

莲子百合红豆米糊

原料 ○ 3人份

水发大米120克，水发红豆60克，水发百合40克，水发莲子75克

做法

1. 取组好的豆浆机，倒入洗净的大米、红豆、莲子、百合。
2. 注入适量清水，至水位线即可。
3. 盖上豆浆机机头，选择“五谷”程序，再选择“开始”键，开始打浆。
4. 待豆浆机运转约40分钟，即成米糊。
5. 断电后取下机头，倒出米糊，装入碗中，待稍微放凉后即可食用。

小叮咛 红豆含有蛋白质、B族维生素、磷等营养成分，具有养心安神、消水利肿等功效，大米、百合、莲子也具有很好的补益之效，本品适合水肿人群食用。

红薯米糊

烹饪时间22分钟；口味甜

原料 ○ 2人份

去皮红薯、水发大米各100克，燕麦80克，姜片少许

做法

1. 洗净的红薯切成块。
2. 取豆浆机，倒入燕麦、红薯、姜片、大米，注入适量清水，至水位线即可。
3. 盖上豆浆机机头，按“选择”键，选择“快速豆浆”选项，再按“启动”键，开始运转，制取米糊。
4. 待豆浆机运转约20分钟，即成米糊，将豆浆机断电，取下机头。
5. 将煮好的红薯米糊倒入碗中，待凉后即可食用。

小叮咛　红薯具有益气补血、宽肠通便、生津止渴、消水利肿等功效，水肿、便秘、肥胖者可适量食用。由于红薯本身有甜味，因此不需要添加白糖调味。

芝麻米糊

烹饪时间18分钟；口味清淡

原料 ○2人份

粳米85克，白芝麻50克

做法

❶ 烧热炒锅，倒入洗净的粳米，用小火翻炒一会儿至米粒呈微黄色。

❷ 倒入备好的白芝麻，炒出芝麻的香味，关火后盛出炒制好的食材，待用。

❸ 取来榨汁机，选用干磨刀座及其配套组合，倒入炒好的食材，盖上盖子。

❹ 通电后选择“干磨”功能，磨一会儿至食材呈粉状；断电后揭开盖，取出磨好的食材，即成芝麻米粉，待用。

❺ 汤锅中注水烧开，放入芝麻米粉，慢慢搅拌几下，用小火煮片刻至食材呈糊状。

❻ 关火后盛出煮好的芝麻米糊，放在小碗中即成。

小叮咛 白芝麻含有蛋白质、膳食纤维、B族维生素、维生素E、卵磷脂、钙、铁、镁等营养成分，水肿人群适量食用白芝麻，可以补充铁、锌等营养物质。

烹饪时间 3 分钟；口味甜

黄瓜猕猴桃汁

原料 ○ 2 人份

黄瓜120克，猕猴桃150克

调料

蜂蜜15克

做法

❶ 洗净的黄瓜切成条，再切丁；洗净去皮的猕猴桃切成块，备用。

❷ 取榨汁机，选择搅拌刀座组合，将切好的黄瓜、猕猴桃倒入搅拌杯中。

❸ 加入适量纯净水，盖上盖子，选择“榨汁”功能，榨取蔬果汁。

❹ 揭开盖子，加入蜂蜜；盖上盖，再选择“榨汁”功能，搅拌片刻。

❺ 揭盖，将榨好的蔬果汁倒入杯中即可。

小叮咛 黄瓜含糖量少、纤维丰富，含有丙醇二酸，能够抑制食物中的多余的水分在体内堆积，是很好的利水食物。

烹饪时间 3 分钟；口味酸甜

黄瓜雪梨柠檬汁

原料 ○ 2 人份

黄瓜300克，雪梨140克，柠檬60克

调料

蜂蜜15克

做法

1. 洗净的黄瓜去皮，切开，再切成条，改切成小块；洗好的雪梨切瓣，去核，去皮，再切成小块；洗净的柠檬切成片，备用。
2. 取榨汁机，选择搅拌刀座组合，倒入黄瓜，加入雪梨。
3. 盖上盖，选择“榨汁”功能，榨取蔬果汁；揭开盖，倒入蜂蜜，挤入少许柠檬汁。
4. 盖上盖，继续搅拌一会儿。
5. 揭开盖，把榨好的蔬果汁倒入杯中即可。

小叮咛 雪梨含有膳食纤维、胡萝卜素、叶酸、镁、钾、硒等营养成分，可以润肺排毒、清热下火，搭配有利水功效的黄瓜，特别适合水肿虚胖人士食用。

烹饪时间 3 分钟；口味清淡

黄瓜芹菜雪梨汁

原料 ○ 1人份

雪梨120克，黄瓜100克，芹菜60克

做法

❶ 将洗净的雪梨去核，再去皮，把果肉切成小块；洗好的黄瓜切条形，改切成丁；洗净的芹菜切成段，备用。

❷ 取榨汁机，选择搅拌刀座组合，倒入切好的雪梨、黄瓜、芹菜。

❸ 注入适量矿泉水，盖上盖子，通电后选择“榨汁”功能。

❹ 搅拌一会儿，至材料榨出汁水。

❺ 断电后倒出榨好的雪梨汁，装入杯中即成。

小叮咛 芹菜含钾较为丰富，其可消除体内水钠潴留，起到利尿消肿的作用，另外，芹菜中还富含膳食纤维，可促进脂肪的代谢，有助于纤体瘦身。

苦瓜牛奶汁

烹饪时间2分钟；口味苦

原料 ○ 1人份

苦瓜120克，牛奶200毫升

调料

食粉少许

做法

❶ 锅中注入适量清水烧开，撒上少许食粉。

❷ 放入洗净的苦瓜，搅拌匀，煮约半分钟，至苦瓜断生后捞出，沥干水分，待用；将放凉后的苦瓜切条形，再切丁。

❸ 取榨汁机，选择搅拌刀座组合，倒入苦瓜丁，注入少许矿泉水，盖上盖。

❹ 通电后选择“榨汁”功能，榨一会儿，使食材榨出苦瓜汁。

❺ 揭开盖，倒入备好的牛奶，盖好盖，再次选择“榨汁”功能，搅拌一会儿，使牛奶与苦瓜汁混合均匀。

❻ 断电后倒出苦瓜牛奶汁，装入碗中即成。

小叮咛 苦瓜含有的高能清脂素，可保留人体需要的营养成分，去除人体内的废物、多余的水分，且只需吃少量就能达到很好的消肿效果。

烹饪时间 4 分钟；口味苦

苦瓜苹果汁

原料 ○ 2 人份

苹果180克，苦瓜120克

调料

食粉少许

做法

❶ 锅中注入适量清水烧开，撒上少许食粉，再放入洗净的苦瓜，搅拌匀，煮约半分钟，待苦瓜断生后捞出，沥干水分，待用。

❷ 将放凉后的苦瓜切条形，再切丁；洗净的苹果切开，去除果核，改切小瓣，再把果肉切成小块。

❸ 取榨汁机，选择搅拌刀座组合，倒入切好的食材，注入少许矿泉水，盖上盖。

❹ 通电后选择“榨汁”功能，榨一会儿，使食材榨出汁水，断电后倒出苦瓜苹果汁，装入杯中即成。

小叮咛 苹果中含有大量维生素、苹果酸，适量食用能够起到促进排便的作用。另外，维生素和苹果酸还能促使积存于人体内的脂肪分解，经常食用苹果可以预防肥胖。

烹饪时间 2 分钟；口味甜

苦瓜芦笋汁

原料 ○ 1人份

苦瓜90克，去皮芦笋50克

调料

蜂蜜20克

做法

❶ 洗净的苦瓜去瓤，切小块；洗净去皮的芦笋切小段，待用。
❷ 取榨汁机，倒入切好的苦瓜块、芦笋段。
❸ 注入80毫升凉开水。
❹ 盖上盖，榨约20秒制成蔬菜汁。
❺ 揭开盖，将榨好的蔬菜汁倒入杯中，淋上蜂蜜，拌匀即可。

小叮咛 苦瓜含有去水肿、减肥的成分，芦笋是蔬菜界中低糖、低脂肪、高纤维素和高维生素的典范，故本品是水肿型肥胖者的食疗佳品。

冬瓜姜蜜汁

烹饪时间2分钟；口味辣

原料 ○ 1人份

去皮冬瓜150克，去皮生姜50克

调料

蜂蜜20克

做法

❶ 冬瓜去瓤，切片；生姜切粒，待用。
❷ 榨汁机中倒入冬瓜片，加入生姜粒。
❸ 注入80毫升凉开水。
❹ 盖上盖，榨约25秒成冬瓜姜汁。
❺ 揭开盖，将冬瓜姜汁倒入杯中，淋上蜂蜜即可。

小叮咛 生姜既是用于菜肴中的常见作料，也是菜肴主角，这款冬瓜姜蜜汁将生姜切粒后和冬瓜一同榨汁，辛辣开胃，风味独特，还能促进人体多余水分排出。

冬瓜苹果蜜汁

烹饪时间3分钟；口味酸甜

原料 ○ 1人份

去皮冬瓜100克，苹果70克，柠檬汁30毫升

调料

蜂蜜20克

做法

❶ 洗净去皮的冬瓜切小块；洗净的苹果去皮去核，切块，待用。
❷ 将冬瓜块和苹果块倒入榨汁机中。
❸ 加入柠檬汁，倒入80毫升凉开水。
❹ 盖上盖，启动榨汁机，榨约20秒制成蔬果汁。
❺ 断电后揭开盖，将蔬果汁倒入杯中，淋上蜂蜜即可。

小叮咛 冬瓜具有清热解暑、利尿排水的作用，是优良的减肥食物，另外，它的钠盐成分低，有利水之效。

烹饪时间 2 分钟；口味酸

西瓜草莓汁

原料 ○ 1人份

去皮西瓜150克，草莓50克，柠檬20克

做法

❶ 西瓜切块；洗净的草莓去蒂，切块，待用。
❷ 取榨汁机，倒入切好的西瓜块和草莓块。
❸ 挤入柠檬汁，注入100毫升凉开水。
❹ 盖上盖，启动榨汁机，榨约15秒制成果汁。
❺ 断电后揭开盖，将果汁倒入杯中即可。

小叮咛 草莓富含膳食纤维以及果胶，能够有效地帮助人体排出多余水分、废物，促进新陈代谢，利水效果较好，搭配西瓜、柠檬，还可清热除烦。

烹饪时间 4 分钟；口味酸

莲藕菠萝柠檬汁

原料 ○ 1人份

去皮莲藕、去皮菠萝各50克，柠檬汁20毫升

做法

❶ 洗净去皮的菠萝去芯，切成小块；洗净去皮的莲藕切碎。

❷ 沸水锅中倒入莲藕碎，煮约1分钟，至其断生，捞出余好的莲藕碎，沥干水分，装盘待用。

❸ 将莲藕碎倒入榨汁机中，放入菠萝块。

❹ 加入柠檬汁，倒入70毫升凉开水。

❺ 盖上盖，启动榨汁机，榨约15秒成蔬果汁。

❻ 断电后揭开盖，将蔬果汁倒入杯中即可。

小叮咛 菠萝中含有的蛋白酶能有效分解食物中的蛋白质，还能促进肠道蠕动，帮助消化，预防脂肪沉积。莲藕是清热解暑的食材，能利水消肿，帮助排出体内废物和毒素。

烹饪时间 3 分钟；口味甜

莲藕柿饼姜汁

原料 ○ 1人份

去皮莲藕130克，柿饼60克，姜末少许

调料

蜂蜜20克

做法

❶ 洗净去皮的莲藕切小块，备好的柿饼切成小块。

❷ 锅中注入适量的清水大火烧开，放入莲藕块，汆煮至断生。

❸ 将煮好的莲藕块捞出，沥干水分，待用。

❹ 备好榨汁机，倒入柿饼块、莲藕块、姜末。

❺ 倒入适量的凉开水，盖上盖，调转旋钮至1档，榨取蔬果汁。

❻ 打开盖，将榨好的蔬果汁倒入杯中，再淋上蜂蜜即可。

小叮咛 柿饼具有清热润肺、生津止渴、健脾化痰、降压、利水通便等功效，但其鞣酸含量高，应尽量避免空腹食用。

白萝卜枇杷蜜汁

烹饪时间3分钟；口味酸甜

原料 ○ 2人份

去皮白萝卜70克，枇杷200克，柠檬30克

调料

蜂蜜适量

做法

1. 洗净去皮的白萝卜切丁；柠檬去皮，切块；枇杷去皮，去核，切块，待用。
2. 将枇杷块和白萝卜丁倒入榨汁机中。
3. 放入柠檬块，加入80毫升凉开水。
4. 盖上盖，启动榨汁机，榨约30秒制成蔬果汁。
5. 断电后揭开盖，将蔬果汁倒入杯中，淋上蜂蜜即可。

小叮咛 枇杷味道甜美，有清肺热、生津止渴的作用；白萝卜含有丰富的消化酵素，可以帮助消化，其中含有的辛辣成分，可以将活性酸素从体内去除，消肿利水。

烹饪时间 2 分钟；口味辣

白萝卜汁

原料 ○ 2 人份

白萝卜400克

做法

❶ 洗净去皮的白萝卜切厚片，再切成条，改切成小块，备用。

❷ 取榨汁机，选择搅拌刀座组合。

❸ 倒入切好的白萝卜，注入适量纯净水，至水位线即可。

❹ 盖上盖，选择“榨汁”功能，榨取萝卜汁。

❺ 揭开盖，将榨好的白萝卜汁倒入杯中即可。

烹饪时间 2 分钟；口味清淡

白萝卜枇杷苹果汁

原料 ○ 2 人份

去皮白萝卜80克，去皮枇杷100克，苹果110克

做法

❶ 洗好的苹果去核去皮，切块；洗净去皮的白萝卜切块。

❷ 洗净去皮的枇杷切开，去核，改切成块，待用。

❸ 取榨汁机，倒入切好的苹果块和白萝卜块。

❹ 加入枇杷块，注入80毫升凉开水。

❺ 盖上盖，榨约15秒成蔬果汁。

❻ 断电后揭开盖，将榨好的蔬果汁倒入杯中即可。

烹饪时间 3 分钟；口味甜

圣女果甘蔗马蹄汁

原料 ○ 2 人份

圣女果100克，去皮马蹄120克，甘蔗110克

做法

1. 洗净去皮的马蹄对半切开；处理好的甘蔗切条，再切成小块，待用。
2. 备好榨汁机，倒入甘蔗块，加入适量的凉开水，盖上盖，调转旋钮至1档，榨取甘蔗汁。
3. 将榨好的甘蔗汁滤入碗中，待用。
4. 备好榨汁机，倒入圣女果、马蹄，倒入榨好的甘蔗汁。
5. 盖上盖，调转旋钮至1档，榨取果汁；打开盖，将榨好的果汁倒入杯中即可。

小叮咛 圣女果含有维生素 C、番茄素、胡萝卜素、蛋白质等成分，且其维生素含量是普通西红柿的 1.8 倍，水肿人群适量食用，不仅可补充丰富的营养，还有助于去除水肿。

烹饪时间 2 分钟；口味甜

芒果莲雾桂圆汁

原料 ○ 2人份

芒果150克，莲雾100克，龙眼80克，椰汁60毫升

做法

❶ 洗净的芒果切开去核，将果肉取出切成块；洗净的莲雾切开，再切成小块。

❷ 去壳的龙眼剥去核，待用。

❸ 备好榨汁机，倒入芒果块、莲雾块、龙眼。

❹ 倒入备好的椰汁，加入少许清水，盖上盖，调转旋钮至1档，榨取果汁。

❺ 打开盖，将榨好的果汁倒入杯中即可。

小叮咛 莲雾，又称洋蒲桃、水石榴，果品汁多味美，是清凉解暑的圣品，具有开胃、爽口、利尿、清热以及安神等食疗功效。

烹饪时间 2 分钟；口味甜

芒果雪梨汁

原料 ○ 1人份

雪梨110克，芒果120克

做法

1. 洗净去皮的雪梨切开，去核，改切成小块。
2. 芒果对半切开，去皮，将果肉切成小瓣，备用。
3. 取榨汁机，选择搅拌刀座组合，将芒果肉、雪梨块倒入搅拌杯中。
4. 注入适量纯净水，盖上盖，选择“榨汁”功能，榨取果汁。
5. 断电后倒出芒果雪梨汁，装入玻璃杯中即可。

烹饪时间 2 分钟；口味清淡

甜椒西红柿芹菜汁

原料 ○ 1人份

红彩椒50克，西红柿80克，芹菜40克

调料

盐1克，黑胡椒粉少许

做法

1. 洗净的芹菜切丁；洗好的红彩椒对半切开，去籽，改切成丁。
2. 洗净的西红柿去皮，切丁，待用。
3. 取榨汁机，倒入切好的红彩椒丁和西红柿丁。
4. 加入芹菜丁，注入80毫升的凉开水。
5. 加入盐，盖上盖，启动榨汁机，榨约30秒成蔬菜汁。
6. 断电后揭开盖，将蔬菜汁倒入杯中，撒上黑胡椒粉即可。

西蓝花柳橙汁

烹饪时间3分钟；口味酸

原料 ○ 2人份

西蓝花50克，柳橙250克，柠檬汁20毫升

做法

❶ 洗净的西蓝花切块；柳橙切瓣，去皮。
❷ 沸水锅中倒入切好的西蓝花，汆煮1分钟至断生。
❸ 捞出汆好的西蓝花，沥干水分，装盘待用。
❹ 将汆好的西蓝花倒入榨汁机中，放入切好的柳橙。
❺ 加入柠檬汁，注入100毫升凉开水。
❻ 盖上盖，启动榨汁机，榨约20秒制成蔬果汁，断电后揭盖，将蔬果汁倒入杯中即可。

小叮咛 西蓝花富含维生素C、硒元素和胡萝卜素，且是较好的利水消肿食材，搭配富含膳食纤维的柳橙和柠檬汁榨成蔬果汁，是补充身体所需各种营养的健康饮品。

上海青猕猴桃柚汁

烹饪时间2分钟；口味清淡

原料 ○ 1人份

上海青、葡萄柚各50克，去皮猕猴桃80克

做法

1. 洗净去皮的猕猴桃切块；洗净的上海青切块；葡萄柚去皮，将果肉切块，待用。
2. 将切好的葡萄柚和上海青倒入榨汁机中。
3. 放入切好的猕猴桃，注入100毫升凉开水。
4. 盖上盖，启动榨汁机，榨约30秒制成蔬果汁。
5. 断电后揭开盖，将蔬果汁倒入杯中即可。

小叮咛 猕猴桃因所含的维生素 C 和镁元素是常见水果中较高的，有较好的祛湿利水的作用，与葡萄柚和上海青榨汁饮用，还有增强免疫力、去水肿之效。

烹饪时间 12 分钟；口味甜

南瓜芦荟汁

原料 ○ 2 人份

去皮南瓜200克，芦荟100克

调料

蜂蜜适量

做法

1. 洗净的芦荟去皮，切块；洗净去皮的南瓜切块。
2. 沸水锅中倒入南瓜块，加盖，用大火煮10分钟至熟软。
3. 揭盖，捞出煮熟的南瓜块，装盘待用。
4. 榨汁机中倒入熟南瓜块，放入芦荟块。
5. 注入70毫升凉开水，盖上盖，榨约20秒，制成南瓜芦荟汁。
6. 揭盖，将榨好的南瓜芦荟汁倒入杯中，淋上蜂蜜即可。

小叮咛 南瓜含有丰富的钾离子，是水肿人群保持体液平衡、消除水肿的上好选择，且南瓜果胶丰富，还能使肌肤富有弹性。

烹饪时间 8 分钟；口味甜

土豆糙米汁

原料 ○ 3人份

去皮土豆100克，糙米饭150克

调料

蜂蜜30克

做法

❶ 洗净去皮的土豆切片。

❷ 沸水锅中倒入土豆片，搅匀，用大火煮约5分钟至熟软，关火后捞出汆好的土豆片，装盘待用。

❸ 取榨汁机，倒入糙米饭，注入80毫升凉开水，加盖，榨约20秒制成糙米汁。

❹ 断电后揭盖，将榨好的糙米汁过滤到碗中。

❺ 往榨汁机中倒入土豆片，倒入滤过的糙米汁。

❻ 加盖，榨约20秒成土豆糙米汁；揭盖，将榨好的土豆糙米汁倒入杯中，淋上蜂蜜即可。

小叮咛 糙米中的维生素、蛋白质、膳食纤维含量高；土豆含有大量维生素 C 和钾，能预防人体腿部水肿。两者搭配榨汁，是水肿者不可错过的佳饮。